"十三五"职业教育国家规划教材修订版

"十三五"江苏省高等学校重点教材修订版

产品设计方法与案例解析

（第2版）

李 程 著

北京理工大学出版社

BEIJING INSTITUTE OF TECHNOLOGY PRESS

内容提要

本书从产品设计师职业岗位需求出发，介绍了产品设计的学习方法以及设计实践中应掌握的设计流程与方法，通过 4 个案例详细解析了产品设计的专业技能要点与思维要求，使读者能够掌握产品设计的工作技能与方法，并能举一反三，融会贯通。本书的最大特点是符合读者的认知规律，通过形象生动的案例，将产品设计的流程与方法传授给读者，同时运用通俗易懂的语言，向读者阐述成为一名产品设计师必备的素养，以及产品设计师的成长发展之路。全书共 6 章，主要内容包括产品设计学习方法论、从形态主题出发进行造型设计——"管道"主题造型设计、从产品结构出发进行造型设计——电动工具造型设计、从用户研究出发进行创意设计——旅游纪念品设计、从硬件与软件结合出发进行整合创新设计——智能硬件设计以及一个设计师的自我修养。

本书可作为设计院校的教材，也可供职业设计师以及相关人员参考使用。

图书在版编目（CIP）数据

产品设计方法与案例解析／李程著.—2版.—北京：北京理工大学出版社，2020.7（2020.9重印）
ISBN 978-7-5682-8806-4

Ⅰ.①产…　Ⅱ.①李…　Ⅲ.①产品设计　Ⅳ.①TB472

中国版本图书馆CIP数据核字（2020）第137164号

出版发行／北京理工大学出版社有限责任公司

社　　　址／北京市海淀区中关村南大街 5 号

邮　　　编／100081

电　　　话／（010）68914775（总编室）

　　　　　　（010）82562903（教材售后服务热线）

　　　　　　（010）68948351（其他图书服务热线）

网　　　址／http://www.bitpress.com.cn

经　　　销／全国各地新华书店

印　　　刷／天津久佳雅创印刷有限公司

开　　　本／889 毫米 ×1194 毫米　1/16

印　　　张／9

字　　　数／242 千字

版　　　次／2020 年 7 月第 2 版　2020 年 9 月第 2 次印刷

定　　　价／59.00 元

责任编辑／江　立

文案编辑／多海鹏

责任校对／周瑞红

责任印制／边心超

前　言

PREFACE

本书从产品设计师职业岗位需求出发，介绍了产品设计专业学习以及设计实践中应掌握的设计流程与方法，通过4个案例详细解析了产品设计的专业技能要点与思维要求，使读者掌握产品设计的工作技能与方法，并能举一反三，融会贯通。本书各章的内容如下：

第1章介绍了作为一名产品设计师需要具备的知识与技能，以及学习培养方法。第2章至第5章用4个案例循序渐进地讲解了产品设计师需要具备的造型设计能力、用户研究能力与整合创新设计能力。4个案例选自真实教学、科研与社会服务案例，具有典型性与代表性，符合产品设计师职业岗位的工作需要，案例之间有进阶关系，符合读者学习的认知规律。在讲解案例流程的同时剖析职业设计师所需具备的关键技能，再辅之以拓展案例，适合项目式、案例式教学要求。第6章从设计师职业发展角度出发，阐述了设计师的职业素养与发展道路。

本书的最大特点是符合读者的认知规律，通过形象生动的案例将产品设计的流程与方法传授给读者，使读者更加容易接受。同时运用通俗易懂的语言，向读者讲述如何成为一名产品设计师，以及产品设计师的成长发展之路。

本书融合了笔者6年产品设计学习、12年产品设计教学与管理工作的一些经验和体会，以项目案例教学的方式带动读者进行产品设计方法和相关技术技能的学习。这种教学模式在学校工业设计学院已经运用多年，取得了较好的教学效果。

在本书的写作中，笔者深切感受到每一个进步都离不开同事与学生的帮助。本书第2章案例改编自笔者与周潮、俞烨操老师合作的中法跨界"管道"主题课程，并摘选了鹿文鹏、陈文娟、沈如雪、黄娅婷、付丽丽、孙远、孙军等同学与笔者的作品，内容受到江苏省教育科学"十二五"规划项目"产业融合背景下的高职院校艺术设计跨界教学模式研究"课题资助；第3章摘选了林杰东、刘玉佩、安居进、吴力等同学的作品；第4章摘选了何召文、夏正一、周靖淋、王首栋等同学与笔者的作品，内容受到江苏省教育厅高校哲学社会科学研究基金项目"产业融合背景下的苏州文化创意产品开发研究"课题资助；

第5章案例改编自笔者和邱春来老师合作的"趣生活"主题课程，摘选了李苏南、靖丽、畅绍飞等同学的作品。本书的编写还得到了江苏省高校"青蓝工程"项目资助。本书所涉及的教学理念与苏州工艺美术职业技术学院工业设计学院这些年的教学改革有紧密联系，在此向共同进行教学改革实践的濮礼建、平国安、毛锡荣、李炜、韩吟秋等老师表示感谢。

本书第1版自出版以来得到各院校设计专业师生的关注与好评，师生们通过微信订阅号（lefthandesigner）、教材微信共建群、邮箱（designlicheng@163.com）向笔者反馈教材使用中的感想、建议与体会。在这些反馈信息的帮助下，笔者逐步打磨教材内容、完善配套资源、开发在线开放课程（MOOC），最终将第2版教材呈现给大家。换句话说，这本教材是笔者和读者一同完成的创作成果。本书第2版修订完善了教材文字内容、更换了表现力不够的图片、制作了配套课件、提供了相关案例设计过程参考文件、录制了教学视频，同时提供了教与学两方面的教材使用方法说明，使得本书不仅适合设计院校施行混合式教学与翻转课堂，也适合设计从业者自学，同时还可作为设计通识类读物启发大众创新思维。

本书第1版为"十三五"江苏省高等学校重点教材，第2版为中国轻工业"十三五"规划教材立项教材，配套资源获江苏省高校在线开放课程立项、中国轻工业"十三五"数字化项目立项。该书相关课程已在中国大学MOOC上线，读者可以在中国大学MOOC中搜索"产品设计学习导论"进行学习。

由于时间仓促，笔者水平有限，书中疏漏或不当之处在所难免，恳请有关专家和广大读者批评指正。

著　者

目 录
CONTENTS

第 3 章 从产品结构出发进行造型设计
——电动工具造型设计

第 1 章 | 产品设计学习方法论

1.1 产品设计概述

  翻开这本书的读者想必对产品设计有一定的了解，你可能是一名产品设计专业的在校大学生，可能是初入职场的产品设计师，或者是一名喜爱产品设计的发烧友。无论如何，选择了产品设计，也就意味着它将和你未来的工作与生活联系在一起。

  产品设计重要吗？当面对商品时，消费者的精挑细选已经让我们体会到了它的重要性。一个好的产品不仅要外形美观、功能实用，还要性价比高、品质过硬，只有在各个方面都获得认可的产品才能得到消费者的青睐。每一个优秀产品的背后都有产品设计师的辛苦努力和付出，作为一名产品设计师，有必要明确产品设计的含义。

  与产品设计经常同时出现的还有一个词——工业设计。广义上来说，工业设计是指为了达到某一特定目的，从构思、策划到制定切实可行的实施方案，并且用完整明确的方式表示出来的系列行为。它包含了使用现代化手段进行生产以及服务等的全部设计过程。

  与之相对的狭义的工业设计，一般可以理解为产品设计，即针对人与自然和社会关联中产生的工具装备等需求所作的反应，它包括为了使工作和生活得以维持与发展所需的如工具、器械与娱乐等物质性装备所进行的设计。

  产品设计的目的是使产品对使用者的身心具有良好的亲和性与匹配性。其核心是对工业产品的功能、材料、构造、形态、色彩、表面处理、装饰各要素，从

如何通过项目案例学习产品设计——产品的设计学习方法论

课件：设计方法论 | 如何通过项目案例学习产品设计——产品设计学习方法论

社会的、经济的、技术的、审美的角度进行综合处理。这种设计既要符合人们对产品物质功能的要求，又要满足人们审美情趣的需要，同时还要考虑经济等方面的因素。因此，工业设计是人类科学性、艺术性、经济性、社会性有机统一的创造性活动。

产品设计反映了一个时代的经济、技术水平，也反映了一个时代人们的文化和思想境界。目前，随着国内经济发展水平的提高，人们对生活质量与品质的认识和要求也越来越高。仅仅满足一般使用功能的产品和廉价粗糙的山寨产品越来越不能满足人们的消费需求。大数据、智能化时代的到来和生活品质、生活美学观念的觉醒共同促成了社会对产品设计的需求和期待（图1-1和图1-2）。

图1-1　小牛M1电动车手绘效果图

图1-2　小米MIX全面屏概念手机

1.2　产品设计内容

1.2.1　知识结构

产品设计是一门应用型的交叉学科，根据设计目的，几乎所有的学科都与产品设计有关。作为一名产品设计师，需要有良好的技术水平、艺术素养，广博的知识，以及良好的理解力和领悟力，只有这样才能适应多变的工作环境，培养良好的判断力。总之，想成为一名优秀的产品设计师，需要有敏锐的观察力，善于发现问题并创造性地解决问题。

设计师需要具备多学科的文化素养与合理的知识结构，行业内普遍对产品设计师的知识结构有这样的测定（图1-3）：

30%的科学家（了解科学技术的发展）

30%的艺术家（有良好的审美能力）

10%的诗人（有创造的激情）

10%的商人（了解商业的需要）

10%的事业家（将设计当作一生的事业）

10% 的推销员（了解用户的心理和需求）。

产品设计研究的是人与物之间的关系问题，要求设计师不仅要具有全面的知识和能力，还应是一个懂得生活的人。生活引导设计，设计源于生活。生活就是设计工作的一部分，因为许多设计灵感和发现直接来源于生活，如果不热爱生活、不懂得生活，日常的生活单调、乏味，则很难有好的设计创意。能够把设计工作与生活融为一体，而不单单将其作为一个谋生的手段，应该是所有设计师追求的目标。

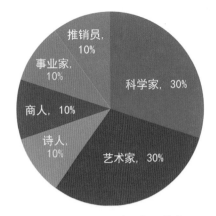

图 1-3　产品设计师知识结构

1.2.2　能力结构

作为一名产品设计师，需要具备扎实的专业技能才能胜任设计工作。一名产品设计师应具备以下技能（图 1-4）：

（1）应有优秀的草图构思和徒手作画的能力。

（2）要有良好的制作模型的技术。

（3）必须掌握一种矢量绘图软件和一种像素绘图软件。

（4）至少能够使用一种二维绘图软件。

（5）至少能够使用一种三维造型软件。

（6）具有优秀的表达能力及与人交往的技巧。

（7）在形态方面具有很好的鉴赏力。

（8）能够完成从草图构思到三维渲染一应俱全的设计图样。

（9）对产品从设计、制造到走向市场的全过程应有足够的了解。

（10）在设计流程的时间安排上要十分精确。

当一名设计师具备足够的知识及与之匹配的设计能力时，才能够在设计工作中游刃有余。目前在一些产品设计专业学生甚至设计公司中，都有过于强调设计技能而无视设计师的知识与素养的问题，比如重手绘、软件操作技能，轻设计思维与用户研究。设计师只有充分地学习、研究，充实前面提及的个人素养和知识结构，才能够在设计创意上获得源源不断的灵感。

图 1-4　产品设计师能力结构

1.3　产品设计的学习方法

1.3.1　本书的编写思路

前面提到了作为一名产品设计师应该具备的知识结构和能

力结构，这可能会让一些产品设计初学者担心：这么多内容，从哪里开始学习呢？如何学习才能够真正掌握产品设计的实务能力？

结合 6 年产品设计专业学习经历和 12 年的产品设计教学与管理经验，笔者认为学习产品设计最好的方法是通过项目案例进行学习，即在一个产品方案设计过程中熟悉产品设计的流程与方法，掌握设计技能和思维方式。这种学习方法符合认知规律，能够让学习者将主要关注点放在掌握产品设计实务和能力上，同时激发学习者获得设计技能的兴趣。

本书列举了 4 个典型设计案例进行讲解，这 4 个案例代表 4 类产品设计典型设计任务，分别是从形态主题出发进行造型设计、从产品结构出发进行造型设计、从用户研究出发进行创意设计、从硬件与软件结合出发进行整合创新设计。对 4 个案例的讲解从易到难、由浅入深，符合读者学习的认知规律（图 1-5）。

本书在讲述各个案例时，首先提出该部分的项目介绍以及学习目标，其次结合案例说明典型设计流程，最后进行设计案例的详细解析。在案例讲解结束后，提出案例中几个需要掌握的关键技能与设计方法，再通过拓展案例加深认识（图 1-6）。

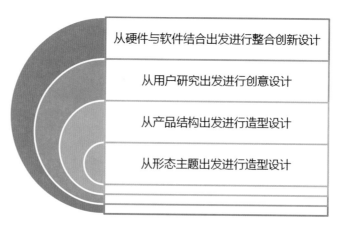

图 1-5　四类项目的逻辑关系

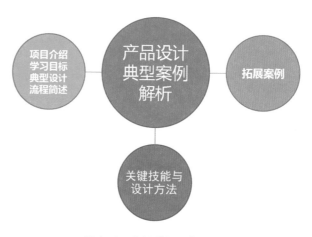

图 1-6　案例讲解逻辑关系

1.3.2 本书的学习方法

本书作为新形态一体化教材，学习素材丰富、教学资源立体，既适合传统教学方式，也适合翻转课堂与混合式教学使用。授课教师可以采用传统方式教学，同时扫码获得对应章节位置的配套视频和讲义，方便教师备课授课、学生预习复习（图1-7）。授课教师也可以采用翻转课堂与混合式教学，课前线上学习相应章节内容并布置作业，线下授课组织汇报讲解、答疑解惑（图1-8）。师生可以通过教材服务公众号和教学共建群与教材编写者对话，解决学习和备课教学中的疑问。

本书采用模块化教学理念编写各章节内容，通过不同的组合方式，可使本书适合产品设计专业不同阶段的课程教学使用。通过教学模块组合，可使本书适合"设计概论""设计思维与创意方法""产品设计程序与方法""产品专题设计"等课程使用（图1-9）。

作为自学本书的读者大致分为两类。一类是需要系统学习产品设计流程与方法的读者，这类读者可能是产品设计专业师的学生，或是初涉行业的职业设计师。建议此类读者按照编排顺序进行系统学习，每章学习完前三节内容后，可以根据本章学习到的设计流程进行产品设计，并对照拓展案例进行对比学习。强烈建议读者使用本书进行二次学习，二次学习时，可以先复习每章第三节的关键点，即设计技能与设计方法（共计8个），再结合目前进行的产品设计作业或者工作规划相应的设计流程并实施。实际应用时可对照本书的设计案例和流程，以加深对设计流程和方法的认识，巩固学习成果。另一类是在产品设计学习或工作中有疑问，或者寻求可参考的设计流程与案例的读者。这类读者可以跳过不需要的章节，直接查看相关的章节以寻求解决办法。

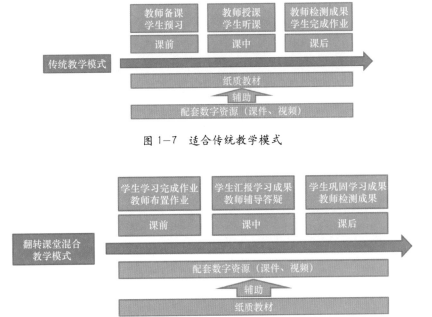

图1-7　适合传统教学模式

图1-8　适合翻转课堂混合教学模式

设计概论	设计思维与创意方法	产品设计程序与方法	产品专题设计
1.学习方法论	1.学习方法论	1.学习方法论	1.学习目标与流程
2.设计师自我修养	2.设计师自我修养	2.案例解析（程序与方法1）——运用关键点描述	2.案例解析
3.关键点描述（1~8）	3.关键点描述（创意方法1）——运用案例描述	3.案例解析（程序与方法2）——运用关键点描述	3.关键点描述
4.案例解析与拓展（1~4）	4.关键点描述（创意方法2）——运用案例描述	4.案例解析（程序与方法3）——运用关键点描述	4.案例拓展
	5.关键点描述（创意方法3）——运用案例描述	5.案例解析（程序与方法4）——运用关键点描述	
	N.关键点描述（创意方法X）——运用案例描述	6.设计师自我修养	

图 1-9　教学模块组合课程示意图

第 2 章 从形态主题出发进行造型设计
——"管道"主题造型设计

2.1 学习目标与流程

2.1.1 项目介绍

万事开头难。如果一开始学习产品设计就沉浸于技术、技法，或者过多地考虑材料、市场、功能与创新等因素，反而会给初学者带来压力。作为学习产品设计的第一个项目，如果该项目能够使学生初步掌握产品设计的流程与方法，并抓住产品设计核心的能力与载体（造型设计）完成一个方案的设计，培养出设计的自信心和成就感，这一章的学习目的就达到了。

本项目就是基于以上思考，设置"管道"这个开放性主题进行产品设计（图 2-1）。通过对设计主题内涵的理解与诠释，对设计方向的发散性思维的探索，以及对设计造型方向的多样性的思考，最后确定到某一个概念上，并在造型和实现方面进行深入设计，最终呈现出符合主题要求的创意设计作品（图 2-2）。

从形态主题出发进行造型设计——"管道"主题造型设计（主题推导）

课件：案例解析 | 从形态主题出发进行造型设计——"管道"主题造型设计

图 2-1 "管道"主题造型设计方案——组合花盆

2.1.2　学习目标

（1）了解产品设计的基本流程与方法。

（2）初步具备产品造型设计的能力。

（3）能够运用思维导图的方式进行造型形式的思考。

（4）掌握运用手绘方式进行设计造型能力表现的方法。

（5）能够初步运用三维软件与草模的方式进行设计表现。

2.1.3　设计流程

"管道"主题造型设计流程如图2-2所示。

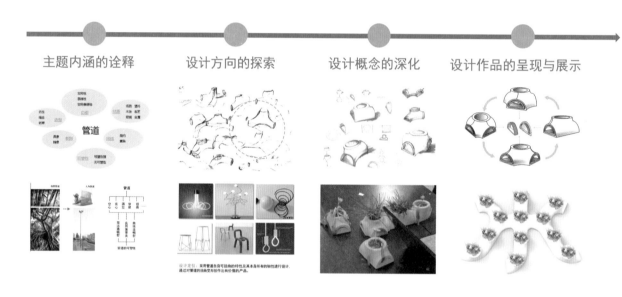

图2-2　"管道"主题造型设计流程

2.2　案例解析

2.2.1　主题内涵的诠释

　　"管道"主题造型设计是一个开放性的设计课题，所有从形式、形态、功能上与"管道"有关的造型都符合主题要求，这样的设定可以给产品设计的初学者极大的发挥空间。

　　作为本课题的学习者，第一步就是要理解"管道"的含义。从名词解释上来看，管道就是用管子、管子连接件和阀门等连接成的，用于输送气体、液体或带固体颗粒的流体的装置。实际在本课题当中，所有符合线型的形态，都可以理解为广义上的"管道"。

学习者可以从自我理解角度出发，广泛地搜集各种资料，包括自然形态、人为形态，也可以是建筑设计、空间设计、产品设计作品等。在广泛搜集资料的基础上，对相关的素材从个人理解的角度进行分类整理。本案例共搜集整理了4类比较有特色的"管道"形态，包括植物形态、光影形态、建筑形态、产品形态（图2-3～图2-6）。

通过对"管道"形态素材的分析与整理，设计者可以提出对于"管道"的理解（图2-7）：

（1）"管道"的形态可以有丰富的变化。

（2）"管道"内部可以是空心的、实心的或镂空的。

（3）"管道"之间可以穿插、扭曲等方式进行形态变化。

（4）"管道"整体形式可以是简洁通畅的，也可以是曲线流畅的。

（5）"管道"形态运用在产品上，可以只是形式上的表现，也可以兼顾实用与审美的需求。

图2-3　植物形态

图2-4　光影形态

图2-5　建筑形态

图2-6　产品形态

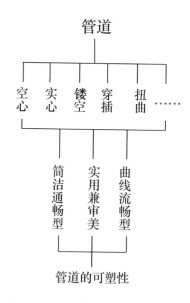

图 2-7　关于"管道"的理解归纳

2.2.2　设计方向的探索

从形态主题出发进
行造型设计——
"管道"主题造型
设计（概念实现）

通过对设计主题的整理与分析，设计者将设计方向定位为采用"管道"内部可以空心、镂空的特性及其本身造型所具有的可以自由穿插、曲线流畅的特点，通过对管道的各种组合创作出有实用价值的产品。

通过对思维导图的绘制来寻找根据产品设计相关要素得出的不同可能性的方案，如图 2-8 所示，并将不同可能性的方案进行对比，将设计概念集中在一款组合盆栽中，结合"管道"的特性，使水能够在其内部自由流动。

结合以上设计概念，绘制概念设计草图，探讨方案的可行性（图 2-9）。

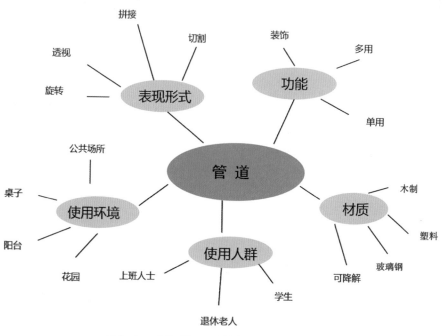

图 2-8　"管道"设计创意思维导图

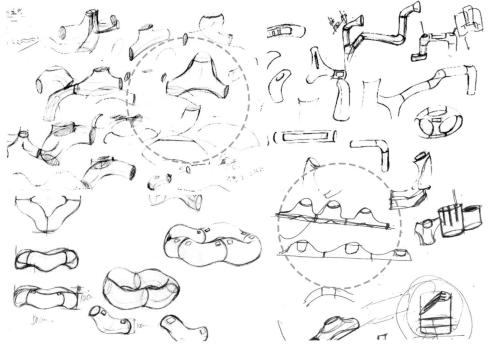

图 2-9　概念设计草图的绘制

2.2.3　设计概念的深化

随着方案的深入，运用管道接口的造型语言设置成组合单元的创意便逐渐浮出水面。考虑到花盆要放置在平面上，因而，设计方案截取了二分之一管道作为造型手段进行设计，并绘制深入草图（图 2-10）。

通过草图方式研究组合花盆单元之间的衔接、组装、种植及水的流动性问题。单元之间的连接采用卡槽方式，内部嵌入采用种植方式，通过镂空的方式实现水的自由流动。细节草图的绘制如图 2-11 所示。

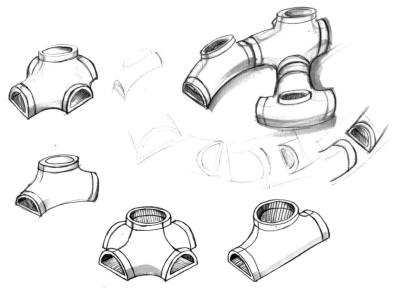

图 2-10　深入草图的绘制

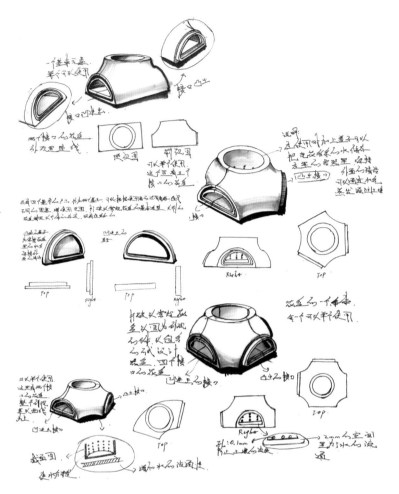

图 2-11 细节草图的绘制

作为以组合方式为主要创意点的设计，需要探索不同样式组合的可能性，拼出各种造型，包括汉字、字母及其他图案（图 2-12）。

基本设计造型确定后，用发泡制作草模，验证设计方案的尺寸、厚度，确定与种植植物的比例关系（图 2-13）。

通过草模验证后，将该设计方案确定为四个单体的组合，每个单体都可以作为一个独立单元种植植物，可以将它放在电脑桌或办公桌上，作为一个创意盆景（图 2-14）。

每一个单体内部均由贯通的底座和养花部分的镂空容器组成。镂空容器装置周围留有 2 mm 的孔，孔的作用是让多余的水渗透到底座中，水可以自行蒸发滋润土壤，同时还可以提高水分的流动性（图 2-15）。

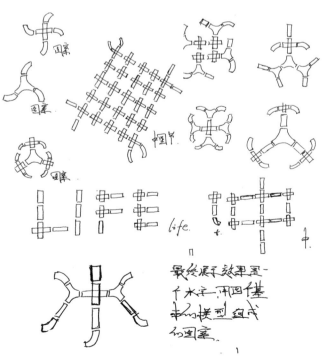

图 2-12 组合方式的草图绘制

图 2-13　方案草模

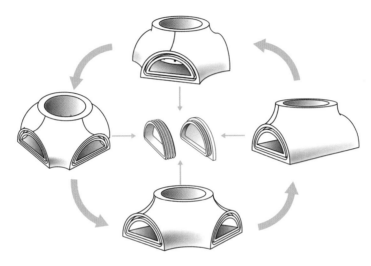

图 2-14　单体示意

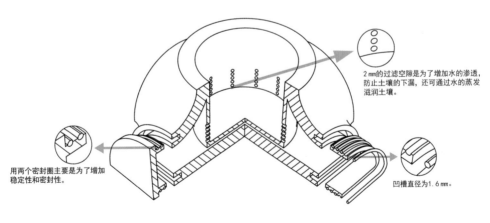

2 mm的过滤空隙是为了增加水的渗透，防止土壤的下漏，还可通过水的蒸发滋润土壤。

用两个密封圈主要是为了增加稳定性和密封性。

凹槽直径为1.6 mm。

0.8 mm防水圈可以增加密封度，保持里面的水分。外加衔接器主要是为了能组合出更多的图案而不受限制。

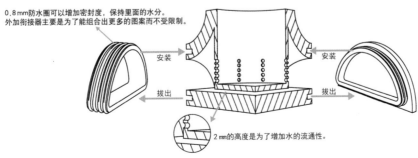

安装

拔出

2 mm的高度是为了增加水的流通性。

图 2-15　结构分析图

　　几个组合花盆单元可以根据个人喜好拼接出自己想要的图案，在管道形式的花盆中种植植物后，只要浇一盆花，就可以确保所有连接在一起的花盆都浇上水，自动调节花盆里的水分，既节约用水，又能保持地面干净（图2-16）。

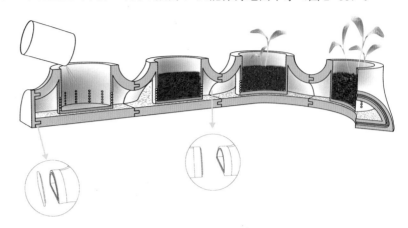

图2-16　组合使用示意

2.2.4　设计作品的呈现与展示

　　设计说明：这款设计是为拥有种植梦想的"懒人"而做的设计。花盆既可以在室内使用，也可以在室外使用。单个使用的时候可以放在书桌或餐桌上，作为一个创意小盆景。当组合使用的时候，可以放在阳台、花园等地方。这款花盆具有一定的蓄水作用，只要给植物浇足水分，多余的水分自然会流到花盆底部，并存储在花盆内，这样多余的水不会浪费，也不会让泥水流出，弄脏地面。既可以节约用水，又可以节约种植者的时间，同时也可以保持地面的干净，解决了传统花盆存在的问题。

　　花盆放置植物后的效果图如下：

　　展示单体效果和组合后的效果，如图2-17～图2-21所示。

　　实物模型效果展示，如图2-22～图2-31所示。

图2-17　单体渲染效果图

图2-18　组合"10.1"效果图　　　　　　图2-19　组合"LIFE"效果图

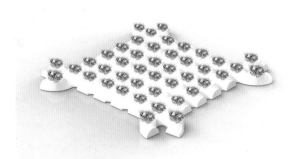

图2-20 组合"中国结"效果图　　　　　图2-21 组合"水"字效果图

图2-22 实物模型展示（1）　　　　　图2-23 实物模型展示（2）

图2-24 实物模型展示（3）　　　　　图2-25 实物模型展示（4）

图2-26 实物模型展示（5）　　　　　图2-27 实物模型展示（6）

图 2-28　实物模型展示（7）

图 2-29　实物模型展示（8）

图 2-30　实物模型展示（9）

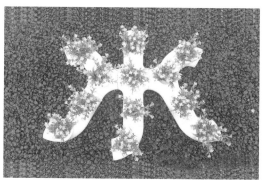

图 2-31　实物模型展示（10）

2.3　关键点描述

最简单的思维导
图设计创意应用
指南

课件：设计关键
点 | 最简单的思
维导图设计创意
应用指南

2.3.1　思维导图

1. 思维导图在设计中的作用

思维导图（Mind Map）是英国著名心理学家、教育学家东尼·博赞（Tony Buzan）发明的表达发散性思维的有效的图形思维工具。这种思维方式是运用发散性的原理，以一个主题或问题为核心进行发散思考，将思考过程中与任务、目标有关的关系、结构、要素等联系起来，通过放射状图形的方式表达出来，使人们能够更容易抓住事物本质，加深对问题的认知和记忆。思维导图广泛运用于设计过程中，运用思维导图作为设计思维工具可起到以下作用：

（1）帮助设计师整体看待一个设计问题。思维导图可以将围绕一个主题的所有相关要素和想法用视觉方式联系起来，帮助设计师更加清晰地认识相关要素直接的结构与关系，使设计师能够全方位、整体性地思考设计问题。这样设计师在进行设计创意时就不会局限在一个狭小的范围内，或由于思考不全面导致设计方向失策。

（2）帮助设计师发现多种解决方案并进行比较。思维导图的发散思维特性，使设计师能够很容易地发现多种解决问题的方案，产生更多的设计创意。这时设计师就可以在多个方案中进行横向对比，有效地识别出关键的设计点与创意，选出更优或者最优的一个或者几个方案。

（3）帮助设计师清晰地展现设计创意思路。思维导图除了可以运用于设计创意前期的思考阶段，也可以用于设计创意后期的创意展示阶段。通过思维导图，可以运用简洁、直观的方式，清晰地阐述设计产品相关的内在关系及深层次的原因，方便倾听设计方案的受众更容易地理解创意思路。

2. 思维导图的制作流程

绘制思维导图可以个人进行，也可以小组完成，但建议人数最多不要超过10人（图2-32）。绘制过程中不要添加任何约束条件，将大脑中的想法记录在导图里，详细步骤如下：

（1）将主题的名称或描述写在空白纸张的中央，并将其圈起来。

（2）对该主题进行头脑风暴，将想法绘制在从中心放射出的线条上。

（3）在每条主线上继续进行头脑风暴，发散思考，将想法绘制在分支上，以此类推。可以用不同的颜色或者视觉图形标注不同的主干或者层级，方便更加清晰地查看其中的脉络。

（4）研究初步绘制的思维导图，从中找出各个方向之间的关系，并提出解决方案与思路。如果有必要，可以在此基础之上重新绘制一个新的思维导图。

图2-32　思维导图的绘制

3. 思维导图在产品设计中的应用

下面通过几个实例来讲解一下思维导图在产品设计中的运用。

第一个例子的主题是探讨"出行"类的母婴产品设计需考虑的要素和设计方向（图2-33）。这个思维导图是由五个人的设计小组成员共同手绘完成的，方法是先使用签字笔绘制思维导图，绘制完成后运用彩色马克笔将每个层级用不同颜色区分，方便后续进行设计方向的讨论。

第二个例子的主题是垃圾桶设计。通过思维导图对影响垃圾桶设计的相关要素进行梳理。这个思维导图是在手绘思维导图的基础上运用平面设计软件整理制作而成，为了更加清晰地展示每个要素的相关内容，本图没有采用线条连接，而是用点表示要素，通过椭圆图形包含主题中的相关内容（图2-34）。

第三个例子的主题是老人旅游纪念品设计。将老人可能会购买或者喜好的旅游纪念品的相关要素和内容进行梳理。同样，这个思维导图是在手绘思维导图的基础上运用平面设计软件整理绘制而成。该图通过直线连接各个要素，同时采用不同颜色和大小的文字区分不同的层级和关系（图2-35）。

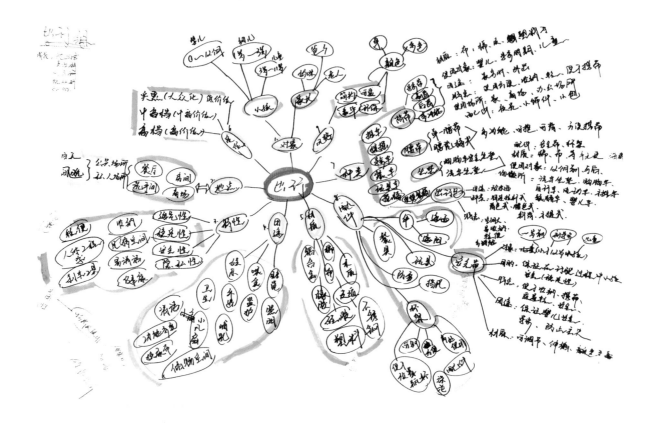

图 2—33 手绘"出行"类母婴产品设计思维导图

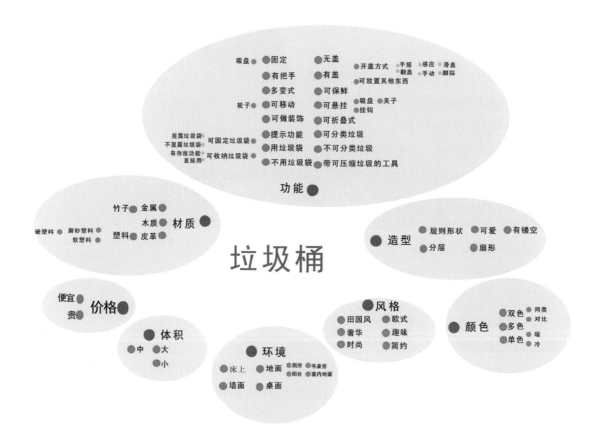

图 2—34 软件绘制垃圾桶设计思维导图

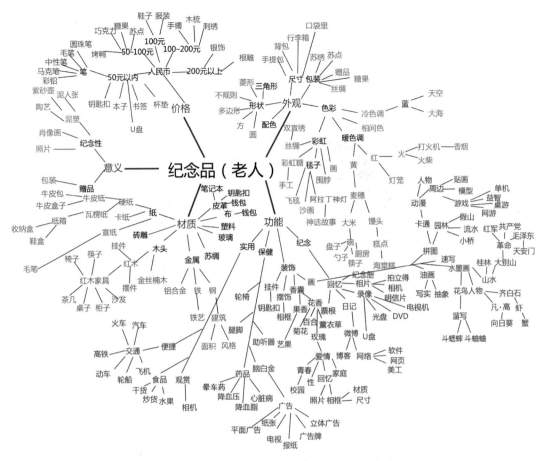

图 2-35　软件绘制老人旅游纪念品设计思维导图

2.3.2　手绘表现

1．手绘在设计过程中的作用

在设计行业中有"三分设计七分表达"的说法，就是说设计创意本身很重要，但能否完整地表现出来更加重要。因为设计最终要用视觉的方式呈现出来。初学者往往因为视觉表达问题，展示出来的设计效果并不一定是自己想要表达的。手绘表达是一名产品设计师必备的表现技能，甚至在设计界有这样一种现象，设计水平高的设计师，手绘技能都非常不错。甚至说"一名产品设计师的设计能力与手绘能力成正比"也并不过分。手绘在产品设计过程中有以下几个方面的作用：

（1）快速进行设计方案的表现。尽管计算机辅助设计技术已经非常完备，但通过手绘进行设计表现仍然是最快捷的方式。设计师可以快速绘制多套设计方案张贴在墙上或者放在桌子上进行横向对比（图 2-36）。如果借助计算机显然会更加耗时、耗力、耗经费。

（2）体现设计思维的过程。手绘的作用并非只是作为设计方案和效果的呈现，更重要的是体现在设计过程的思维推导上。通过手绘的方式，设计师可以对一个设计问题由表及里、由浅入深地进行思考。设计师可以逐渐地"清空"大脑的设计创意，将它们呈现在纸面上，再去思考更多的可能性。如今，手绘作为最终方

如何手绘表达你的设计创意？学会这几招就够了！

课件：设计关键点 | 如何手绘表达你的设计创意？学会这几招就够了！

案进行汇报和展示的作用已逐步被计算机辅助设计技术取代，但至少在目前的情况下，手绘仍然是进行方案设计思考的最佳手段（图2-37）。

（3）对产品细部进行推敲，完善方案。进行产品细节设计时，手绘也是最有效的设计手段。运用手绘可以针对产品的细节造型、色彩搭配、功能方式的选择等方面快速绘制多套解决方案并进行比较和分析（图2-38）。

图 2-36　讨论设计方案

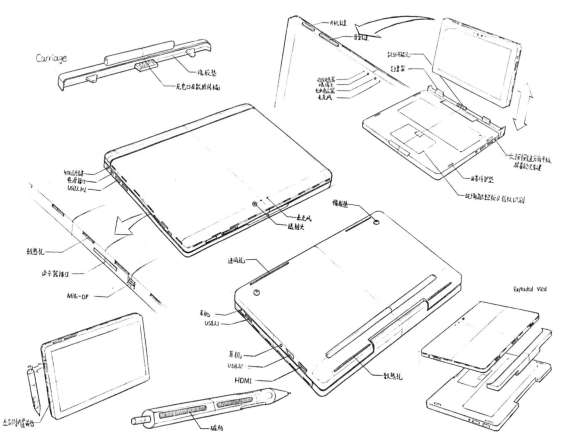

图 2-37　体现设计思考的手绘图

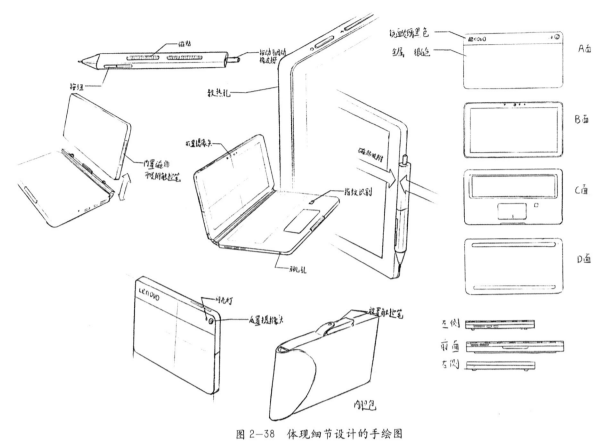

图 2-38　体现细节设计的手绘图

2. 优秀设计提案草图的创意要素

提案草图是设计师最常采用的草图方式，其主要用于设计师内部进行设计方案的讨论与评比，作为设计概念选定的依据，有时候也可作用向客户提案的辅助材料。结合在进行设计教学和设计实践中的经验，作者将提案草图的表现分解为以下 5 个设计要素（图 2-39）：

（1）基本主体图。作者把每套方案中画的产品图定义为基本主体图，这是草图中最重要的部分，平时主要训练的也是这部分。基本主体图设计表现技法的训练并不能在短期提高，所以也需要特别注意。

（2）细节图。为特别表现某些功能与造型，需要对产品某一部分进行放大处理。细节图是手绘的必要部分，可以体现草图的丰富性，也是判断设计水平很重要的一方面。手绘水平的高低往往可以从细节图的绘制中看出。

（3）场景/模式图。场景/模式图可用图画、漫画、故事板来表现出设计产品的使用方法，这部分不用画很大的图，但可使设计更有说服力。

（4）色彩搭配。色彩搭配很重要，草图的颜色不要超过三种，其实这也是产品色彩设计的基本原则。手绘中，需要特别突出的、能够使人印象深刻的部分多半是通过色彩展现出来的。通过使用色彩，体现出主要和次要的部分。

（5）设计说明。设计说明的文字并不需要很多，但是必要的文字说明与注释还是要有的。提案草图中需要用简洁的文字对产品适用的人群以及产品的功能和创新点进行阐述。

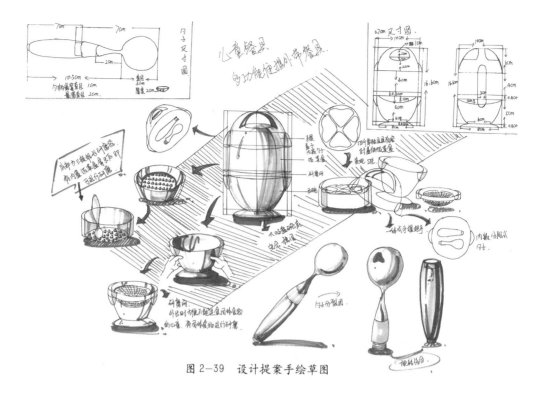

图 2-39　设计提案手绘草图

3. 手绘表现的学习方法和步骤

对于手绘如何学习，如何提高，作者总结了以下学习方法供参考。读者可以通过手绘书籍或上网寻找符合要求的设计草图，对这些草图进行解构，掌握其中优秀的元素并将其运用到设计当中，循环训练，逐步提高设计草图能力（图 2-40 和图 2-41）。

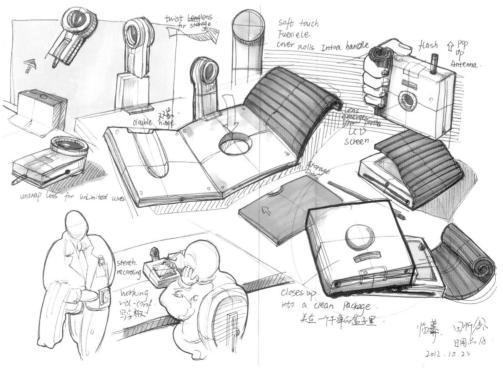

图 2-40　手绘表现学习（临摹）

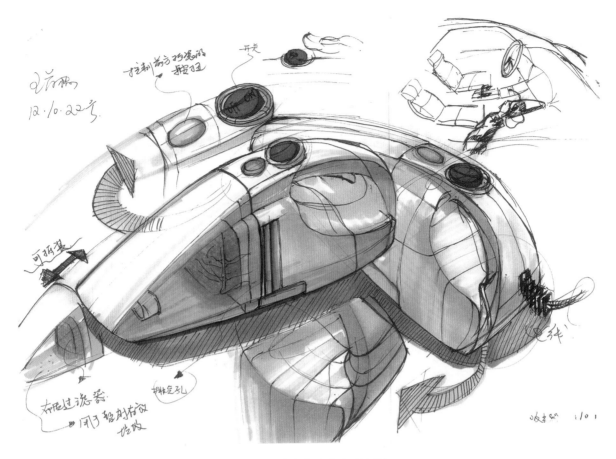

图 2-41　手绘表现学习（运用）

（1）寻找符合要求的优秀草图。最好选择设计师在设计时的草图，因为这种草图生动鲜活，能够体现设计师的设计思路。草图的选择有几个注意事项：须找能够理解的草图，也就是说要确保客户能够看懂该手绘设计创意，能够理解图中的各种设计要素；选择自己喜欢的，使自己有学习掌握的冲动；草图所用材料与手头的工具是相符的，不能选择没法买到或是太过昂贵的草图绘制工具。

（2）对草图进行解构。仔细读懂，分析草图，思考这个草图优秀的原因。从各个角度对草图进行分析，如形态、色彩搭配、排版、指示符号等。解构后，再进行临摹，加深理解。

（3）设定一个题目，将优秀的元素、方法运用到具体的设计当中。可以有两种方法进行：内容风格不变，换角度表达；选用相同风格，在不同产品上表达。这个过程需要反复进行。

完成以上三步，基本上就可对提案草图的精髓学到位了。反复学习多个人的草图，并融会贯通到自己的设计方案过程中，最后就会形成自己的风格。这个过程看似复杂，但如果每天坚持一个小时，一个月后就会看到明显提升。

2.4　案例拓展

2.4.1　组合儿童座椅

1．主题内涵的诠释

组合儿童座椅设计
过程展示

该设计的创意是将"管道"的含义理解成圆柱的空心状态，有一定的存储空间，圆柱也就成了管道的实心形态。实心的"管道"也可以理解为可作为坐具的物体（图2-42）。

2．设计方向的探索

该作品可结合切割与组合的造型手法展开设计创意概念的思考，如图2-43所示。

3．设计概念的深化

课件：案例拓展｜
组合儿童座椅设计
过程展示

该设计创意最终围绕儿童座椅方向展开细节设计（图2-44和图2-45）。

4．设计作品的呈现与展示

设计说明：这款六边形组合座椅专为幼儿教育场所设计。产品可提供多种组合方式，便于幼儿游戏互动。可叠加的设计方式充分利用空间，提高了座椅的实用价值。该产品给每个孩子提供了一个小小的储物空间，方便存放个人物品，并以颜色来区分男女座椅，做到统一中有区别，区别中又有统一（图2-46和图2-47）。

图2-42　"管道"创意源

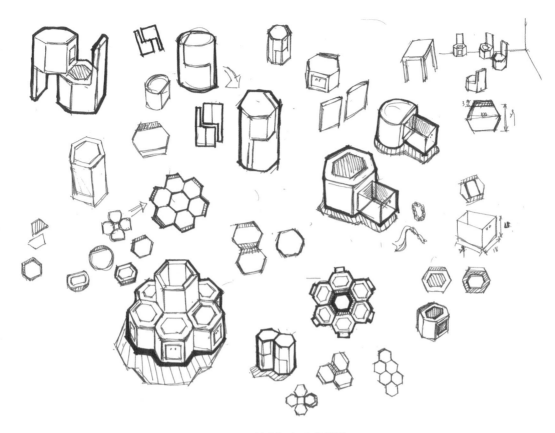

图 2-43　创意概念思考草图

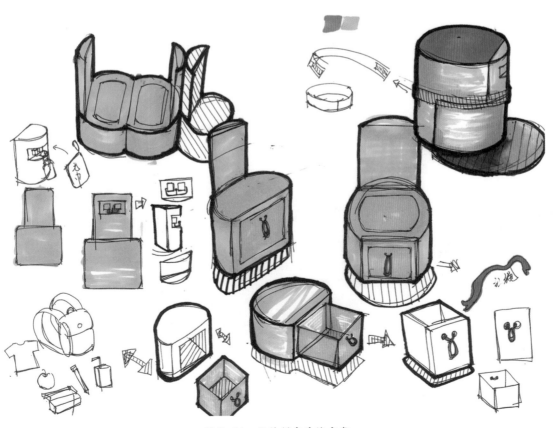

图 2-44　设计创意手绘方案

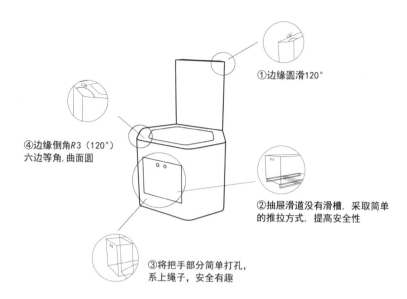

①边缘圆滑120°

④边缘倒角R3（120°）
六边等角, 曲面圆

②抽屉滑道没有滑槽，采取简单
的推拉方式，提高安全性

③将把手部分简单打孔，
系上绳子，安全有趣

图 2-45　方案细节设计

图 2-46　方案效果图展示

图 2-47　方案实物展示

2.4.2　组合公共座椅

1．主题内涵的诠释

该设计的创意是将"管道"理解成可以组合和延展的形态，并通过"管道"形式来组成字母造型，从而起到传达信息并实现功能的作用（图2-48）。

2．设计方向的探索

该作品将字母造型的组合和拼接作为创意思考点进行草图绘制（图2-49）。

组合公共座椅
设计过程展示

课件：案例拓展
｜组合公共座椅
设计过程展示

图2-48　"管道"创意源

图2-49　创意概念思考草图

3．设计概念的深化

方案最终落脚为运用单元拼接字母造型设计户外公共座椅（图 2-50）。

4．设计作品的呈现与展示

设计说明：该设计以圆管的连接组合作为设计来源，分别以字母 M、A、W 为元素加以组合，利用管道的弯曲连接组成一个系列的户外公共座椅。该座椅可放于休闲场所，方便单人、双人及多人使用。其含义是"Make A Wish"——希望使用的人能够放松心情，实现自己美好的愿望（图 2-51～图 2-53）。

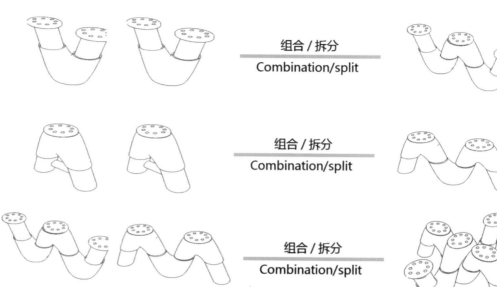

图 2-50　设计概念深化思考草图

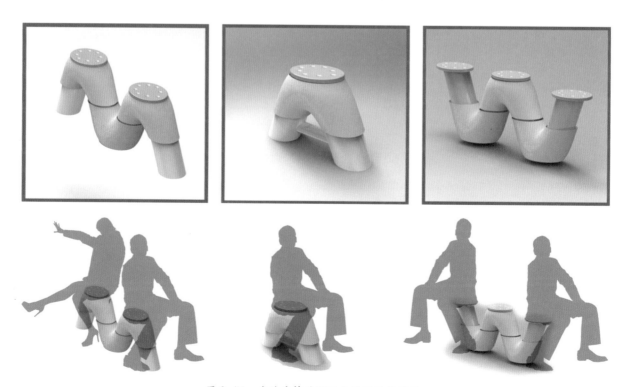

图 2-51　户外座椅效果图与使用场景演示

图 2-52 户外座椅实物展示（1）

图 2-53 户外座椅实物展示（2）

从产品结构出发进
行造型设计——电
动工具造型设计
（设计形态分析）

课件：案例解析 |
从产品结构出发进
行造型设计——电
动工具造型设计

3.1 **学习目标与流程**

3.1.1　项目介绍

第 2 章讲述的"管道"主题造型设计是一个开放性的课题，对创意没有增加更多限制，旨在培养设计师的造型设计能力以及思维的开阔性；而本章的电动工具造型设计恰恰相反，这个主题是一个封闭性的课题，要求对一款成熟的产品进行造型改良设计，而产品本身的机构与结构是不能发生变化的（图 3-1）。

在有限的条件下进行造型设计是作为一个产品设计师最基本的"谋生"技能。虽然单纯的造型设计不是产品设计的全部，但无论是在企业还是在设计公司里从事产品设计的设计师，大部分时间从事的都是造型改良设计工作。所以，作为一名职业产品设计师，对现有产品资料进行搜集和整理，有针对性地进行比较分析，在此基础上确定设计定位，并通过手绘草图、二维效果图、三维效果图进行提案是其必须具备的职业能力。本章通过对一个电动工具造型设计案例进行讲解，向读者展示基于成熟市场产品的造型设计流程与方法。

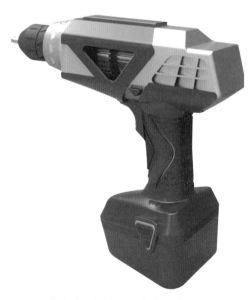

图 3-1　电动工具造型设计方案
——工业用电动工具

3.1.2　学习目标

（1）了解产品造型改良设计的基本流程与方法。

（2）具备产品造型设计能力。

（3）能够运用形态分析方法对现有产品进行造型分析。

（4）掌握计算机辅助工业设计的基本流程与方法。

（5）能够运用二维软件、三维软件对设计方案进行表现。

3.1.3　设计流程

电动工具造型设计流程如图 3-2 所示。

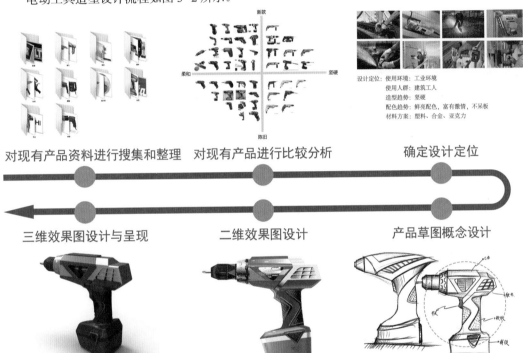

图 3-2　电动工具造型设计流程

3.2　案例解析

3.2.1　对现有产品进行资料搜集和整理

对现有产品资料的搜集和整理是进行产品造型改良设计的第一步。面对一个需要进行造型改良设计的项目，首先是快速获取与项目相关的技术资料和市场行业信息。除项目本身提供一些有限的技术资料外，更重要的是设计师能够通过客观方式独立地对市场现有资料进行搜集和整理。作为职业产品设计师，每一次遇到的项目都不会完全相同，能够完成设计任务，很重要的一点就是掌握系统的设计方法。快速地对市场资料进行搜集和整理，并掌握设计项目的技术与设计要求便是设计方法的第一步。

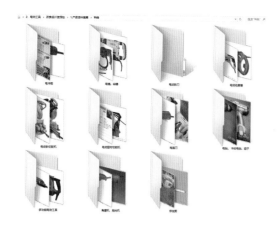

图3-3 电动工具种类资料搜集

在本案例中，一开始接触电动工具设计，首先要对常见电动工具的种类（图3-3），目前市场上主流的电动工具品牌（图3-4），电动工具的结构、工作原理（图3-5～图3-8）和使用要求等方面进行全面的资料搜集和整理。通过资料搜集与整理，知道电动工具（电钻）主要分为钻身和钻帽两部分。电钻工作原理是电磁旋转式或电磁往复式小容量电动机的电机转子做磁场切割做功运转，通过传动机构驱动作业装置，带动齿轮加大钻头的动力，从而使钻头刮削物体表面，并洞穿物体。

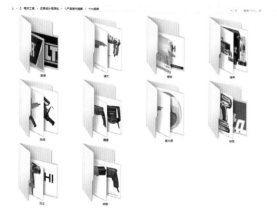

图3-4 电动工具品牌资料搜集

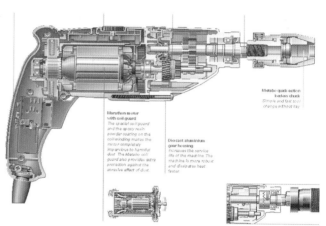

图3-5 原理分析（1）

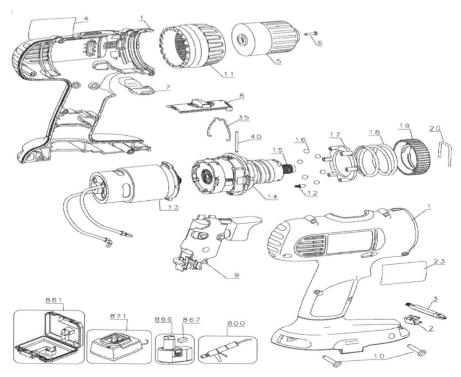

图3-6 原理分析（2）

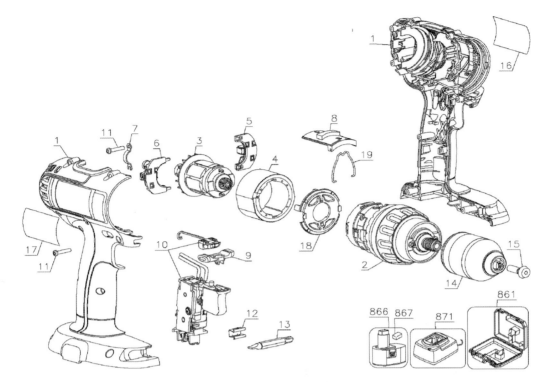

图 3-7　原理分析 (3)

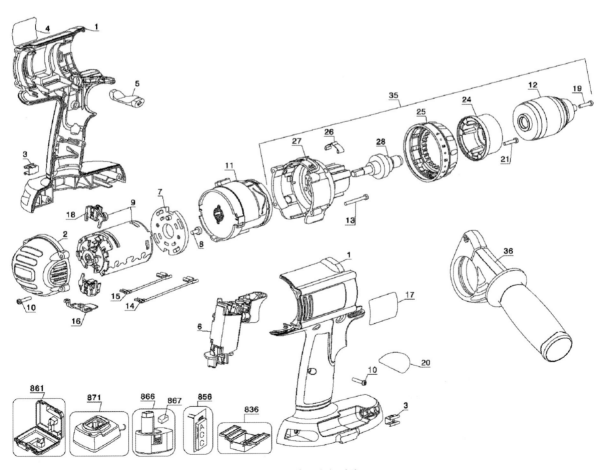

图 3-8　原理分析 (4)

3.2.2 对现有产品进行比较分析

通过对现有电动工具产品进行资料搜集与整理，我们已经对其工作原理和结构有了一定的了解，同时对市场上在售产品的造型设计有了初步的感性认识。为了能够分析现有产品造型的特点，以及产品形态设计的趋势，可通过列表的方式对有代表性的现有产品进行形态分析。

首先对市场上主流的十大电动工具品牌进行列表分析，将产品品牌、具有代表性的产品图片、各品牌产品造型特征三项进行列表（表3-1）。通过分析比较，可以清晰地看到各品牌产品的造型特点。

表3-1　常见品牌造型特点分析

品牌	产品图形	造型特征
博世		小巧紧凑，操作舒适，使用寿命持久，动作灵敏，适用于高强需求
牧田		线条以比较柔和的曲线为主，颜色以银白、蓝色为主，主体简洁大方
日立		有力，操作舒适，采用工艺换向器＋铜线＋硅钢片配件，采用充电形式更加方便
百得		造型比较先进，符合人机工程，圆润的造型比较和谐
得伟		造型和黑、黄颜色的搭配给人以现代感和科技感，造型和颜色突破原有电动工具
东成		造型主要以硬线条为主，但是让人感觉产品有点过时
京盾		颜色以蓝、黑色为主，但是让人感觉有点笨重和机械
麦太保		以蓝色为主调，造型简洁，使用方便
WORX		造型前卫，颜色搭配合理和环保，能从众产品中脱颖而出吸引人的注意
RYOBI		造型以曲线为主，黑、红颜色的搭配很好看，让人感觉不那么生硬，易于接近

其次，对排名靠前的5个品牌的电动工具产品进行分析，通过代表性的产品图片、形态特点、颜色和细节照片来分析目前市场上5个竞争品牌的设计造型语言，为即将设计的产品做好定位（表3-2）。

表3-2　主流品牌形态、色彩、细节设计分析表

品牌	产品	形态特点	颜色	细节
博世		结构紧凑 线条硬朗 冲击力强	大红、黑	
牧田		橡胶包裹 面积大	蓝、红、黑	

品牌	产品	形态特点	颜色	细节
日立		形态复杂 线条柔和 橡胶包裹 面积大	绿、黑	
百得		外形简洁	红、黑	
得伟		严谨简洁 科技感强	黄、黑	

除了品牌角度以外，再将主流产品通过产品造型意向图的方式进行分析；通过 X 轴表示柔和—坚硬、Y 轴表示陈旧—新颖来进行产品形态语言的分析（图 3-9）；通过 X 轴表示冷色—暖色、Y 轴表示深色—浅色来进行产品色彩语言的分析（图 3-10）。通过对产品形态语言、色彩语言的意向图表分析，可以对现有产品分析状态进行可视化展现，找到设计定位方向。

最后，对电动工具造型设计常用的产品材料和工艺进行分析，以确定产品设计可以采用的材质、工艺并进行细节的设计（图 3-11）。

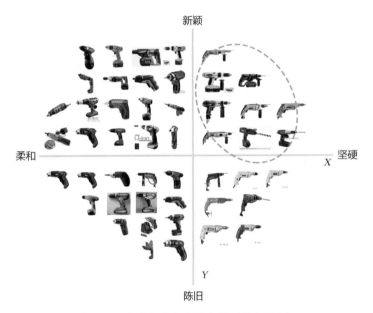

图 3-9　主流产品意向图分析（形态语言）

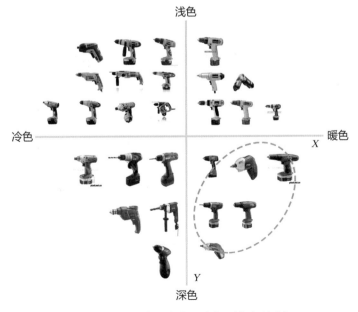

图 3-10　主流产品意向图分析（色彩语言）

手柄部分
材质工艺分析

采用硬塑料和软塑料注塑成型，手柄主体采用硬塑料柄，主体的外圆设有一层软塑料。

手柄主要采用相对应的纹理或者凹凸感来增加摩擦，防滑效果欠佳。

对比而言，采用硬塑与软塑相结合比较合理，在手柄主体上设有软塑料层，它不仅手感柔软，而且大大降低振动感，达到防振的目的。

钻身材质
工艺分析

钻身大都采用大幅度的流线型造型，采用聚合物材料为主，也有些采用金属外壳，多属于绝缘结构，大多部位有基本绝缘。

总结：　基本上整个产品以塑料材质为主，既有防滑防振的效果，同时可以为使用者提供方便(轻便)，整体流线型美观大方，也提高了产品的安全性。

图 3-11　常见产品材料和工艺分析

从产品结构出发进行造型设计——电动工具造型设计（设计定位与实现）

3.2.3　确定设计定位

通过前期设计资料的搜集整理与分析，最终将使用环境定位为工业环境；适用人群为建筑工人；产品造型采用硬朗的造型语言；产品配色鲜亮，富有激情，不呆板；产品外观选用塑料、合金、亚克力等材料。根据以上对设计定位的描述，选择合适的图片组合设计意向看板（图 3-12）。

图 3-12　设计意向看板

3.2.4　产品草图概念设计

根据确定的设计定位，绘制产品概念设计草图，从固定的内部结构出发，思考造型设计方案的多种可能性（图3-13）。

绘制多套外观设计方案，探讨实现设计方案的多种可能，最后从设计定位出发，勾选出最优的造型解决方案（图3-14和图3-15）。

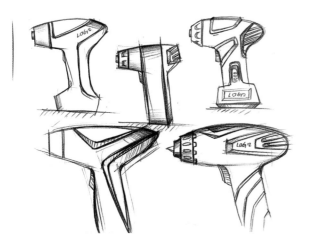

图 3-13　概念草图的绘制

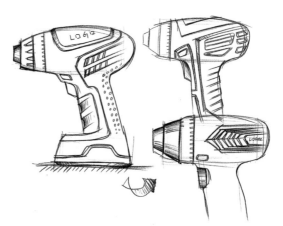

图 3-14　方案草图的绘制（1）

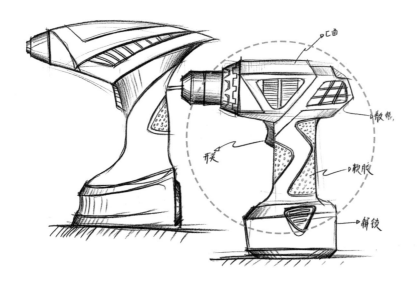

图 3-15　方案草图的绘制（2）

3.2.5　二维效果图设计

为了提高设计工作的效率，对于像电动工具这类造型形态的产品，往往可利用二维设计软件绘制效果图进行方案表现（图3-16）。通过几个视图的方案表现来说明产品的形态、色彩和材质，包括关键尺寸的绘制等（图3-17）。通过对二维效果图的绘制和评估，最终选定合适的方案并进行三维效果图的绘制与表现。

图 3-16　电动工具二维效果图

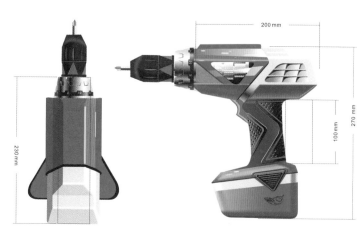

图 3-17　电动工具二维尺寸标注效果图

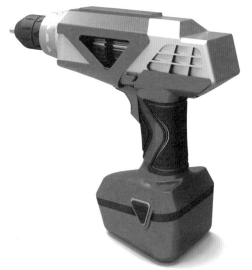

图 3-18　电动工具造型设计方案

3.2.6　三维效果图设计与呈现

设计说明：这是一款适用于工业与建筑环境下的充电式电动工具，通体采用稳定强硬的三角形态，并采用仿生设计手法吸取了鲨鱼的元素，整体线条硬朗，力量感与冲击力十足。

电动工具整体造型设计方案三维效果图如图 3-18 所示，电动工具细节效果图如图 3-19 ～图 3-22 所示，电动工具使用场景图模拟展示如图 3-23 所示。

图 3-19　电动工具头部细节展示

图 3-20　电动工具中间部分细节展示

图 3-21　电动工具手柄部分细节展示

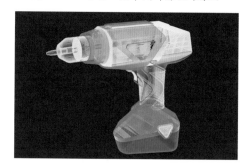

图 3-22　电动工具 X 光透视图展示

图 3-23　电动工具使用场景图模拟展示

3.3　关键点描述

3.3.1　形态分析

在设计产品造型之前，进行现有相关产品的资料收集、整理与分析，对设计出满足要求的方案具有重要作用。搜集的资料多且全，便可以对现有同类产品的设计现状有足够理解，对突破的方向有足够的认识，这是设计出一个优秀产品的必备条件。

在实际设计当中，面对大量搜集的资料，只有根据产品资料的属性对它进行分类，并通过视觉方式（图和表格）进行表达，才能够更加容易认清产品现状，发现设计创意的机会点。常见的产品形态分析方法大致可以分成两种：一种是产品形态比较分析图；另一种是产品形态意向分析图。

1．产品形态比较分析图

产品形态比较分析图可以根据设计方案的需求而改变，通常包括相关产品的分类、图片、特性、评价等方面。通过比较市场上现有相关产品的功能及其优劣，可以帮助设计师在定义新产品时提供依据。这里需要注意的是：在产品形态比较分析图当中，相关分类的产品资料可能有很多，在选用时，应尽量只选择与设计有关并具有代表性的产品。对于产品优劣的分析，设计师在进行资料整理和评价时可以选择采用权威机构的评价意见，也可以团队成员一起讨论，尽量避免主观化。

下面通过几个例子来讲解产品形态比较分析图在产品设计中的运用。

第一个例子是对容器开启装置的材质进行比较分析，通过对大量产品素材进行归类，将材质分成了 8 个类别，每个类别均选用了有代表性的照片作为实例，并在最后一栏结合产品调研时的试用、使用者访谈和媒体评价资料进行了概括（表 3-3）。

做产品形态分析，这两个方法你一定要会！

课件：设计关键点｜做产品形态分析，这两个方法你一定要会！

表 3-3 容器开启装置材质比较分析

材质	实例						说明
金属							耐用
塑料							制作简单 色彩丰富 价格低廉
硅胶							便于收纳 灵活性好
木质							天然 绿色 环保
木＋金属							舒适环保
塑料＋金属							便于造型 降低成本 色彩丰富
硅胶＋金属							更有亲和力 色彩丰富
玻璃							使用方便 提升产品价值

第二个例子是对红酒开瓶器的打开方式进行比较分析,通过对市场现有红酒开瓶器资料进行分析,将开瓶器的打开方式归纳成 6 个类别,每个类别均选用了有代表性的照片作为实例,并在最后一栏列举了该类产品的优缺点,相关评价来自产品试用、访谈和现有媒体资讯(表 3-4)。

表 3-4 红酒开瓶器打开方式比较分析

打开方式	实例					优缺点
旋转启开						优点:省力,安全性高,商品价格差异大 缺点:操作烦琐,体积大
旋转打开						优点:小巧,操作简单,价格低廉 缺点:费力,不适合女人和儿童使用
旋转压开						优点:小巧,操作简单,较省力 缺点:安全性较差,很难独立完成
旋转拉开						优点:小巧,操作简单 缺点:费力,安全性差
电动开启						优点:操作简单,省力,方便 缺点:制造成本高,要在一定条件下工作
气压开启						优点:操作简单,较省力 缺点:价格较高,较难控制

第三个例子是对开罐器的形态结构进行比较分析，通过对市场销售的开罐产品进行分析整理，将开罐的形态概括为 6 个类型，每个类型选用了有代表性的产品图片作为实例，并在最后一栏通过产品试用、用户访谈和现有资料的搜集和整理来概括该类产品的优缺点（表3-5）。

表 3-5　开罐器比较分析

形态	实例				优缺点
F 形					优点：较省力 缺点：需要固定在桌面上
T 形					优点：小巧轻便 缺点：费力，不适合儿童使用
单臂形					优点：较省力，使用方便 缺点：不适合儿童使用
手持形					优点：小巧轻便 缺点：较费力
双臂形					优点：较省力 缺点：不适合儿童使用
圆柱形					优点：电动开启适合儿童使用 缺点：笨重

2．产品形态意向分析图

产品形态意向分析图是将搜集到的相关产品的图片，按其特征放置在一个具有水平及垂直轴的图表上。通过分析图能够得出相关产品及竞争对手在整个市场的分布状况。产品形态意向分析图的关键是要定义轴两端的含义，每个轴的两端代表的是一个意义的两极，所以，往往会采用一对意思相反的形容词。相关的产品图片可以遵循客观的规律与原则进行摆放。设计师可以通过意向分析图锁定新产品大致的目标市场。

意向分析图的制作步骤如下：

（1）搜集市场上现有的相关产品图片（图3-24）。

（2）定义水平轴与垂直轴的意义，通常为两对代表产品造型属性的反义形容词。

（3）将产品图片按照水平轴定义的产品属性，依照确定的原则

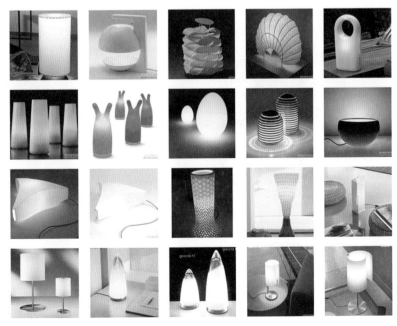

图 3-24　意向分析图制作步骤（1）

进行排列（图3-25）。

（4）将产品图片按照垂直轴定义的产品属性依照确定的原则进行排列（图3-26）。

（5）将两种属性进行叠加，生成形态意向分析图，并用色圈确定设计的大致目标市场（图3-27）。

在这里需要注意的是：水平和垂直两轴所采用的应是客观的形容词。在排列每个产品时，应该遵循一致的评判原则，尽量保持客观。同时在进行产品形态意向图分析时，可以定义两轴不同的属性，绘制多个意向图来描述设计市场目标，以获得更有价值的判断。

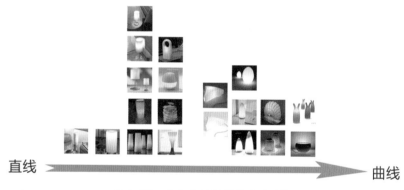

图3-25　意向分析图制作步骤（2）

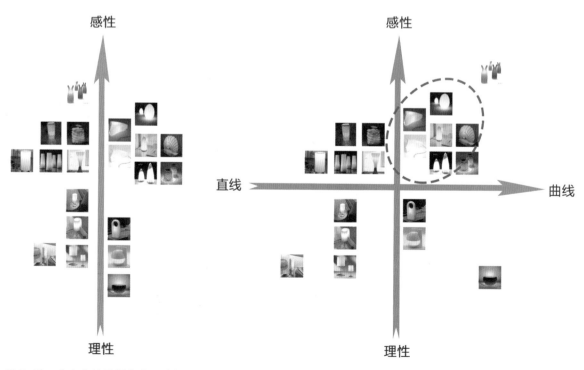

图3-26　意向分析图制作步骤（3）　　　　　图3-27　意向分析图制作步骤（4）

042

运用意向分析图进行产品形态分析，可以将目前市场相关产品分布状态可视化，设计团队可以根据图来确定设计方向。需要说明的是，对于设计方向，既可以寻找并依照目前主流产品的发展方向进行设计，也可以另辟蹊径，选择有较少竞争产品介入的方向进行创新设计。对于哪类方向更好，与团队设计实力、市场发展、消费行为等内部因素和外部因素都有关系，也考验设计团队的眼光和勇气。

下面通过几个例子来讲解一下产品形态意向分析图在产品设计中的运用。

第一个例子是对市场旅游纪念品进行比较分析，将工艺类型（传统—现代）与使用目的（实用—装饰）作为两组属性绘制坐标图。可以发现，目前市场上大部分旅游纪念品都采用传统工艺或者传统式样，而采用现代工艺和设计方式的产品种类明显不足（图 3-28）。

第二个例子同样还是对市场旅游纪念品进行比较分析，将工艺类型的定义词换为年龄的定义词（低龄—高龄）再绘制坐标图。可以发现，无论是装饰类的还是实用类的，现有的旅游纪念品针对高龄人群的产品比较全面；而针对低龄人群，实用类的产品比较多，装饰类的产品较少，从另一个方面也显示了目前旅游品市场在低龄人群吸引力上的不足（图 3-29）。

第三个例子是对市场上的红酒开瓶器进行比较分析，将材质（单一材质—混合材质）与配色（单色—复色）作为两组属性绘制坐标图。目前，市场上大部分红酒开瓶器倾向采用多种材质和多种颜色搭配的产品，通过对市场的观察和产品品质的研究，采用单一颜色和多种材质混合的产品可能会更有市场机会（图 3-30）。

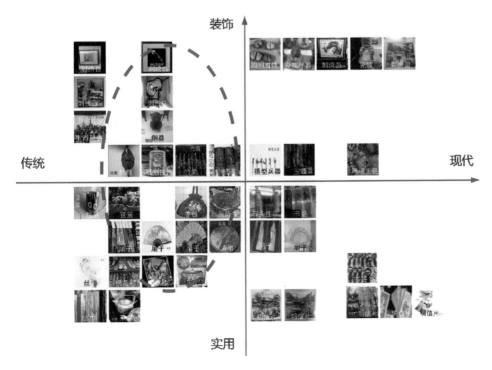

图 3-28　工艺—使用目的意向分析图

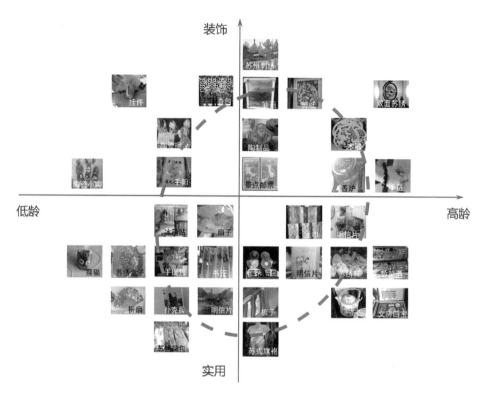

图 3-29　年龄—使用目的意向分析图

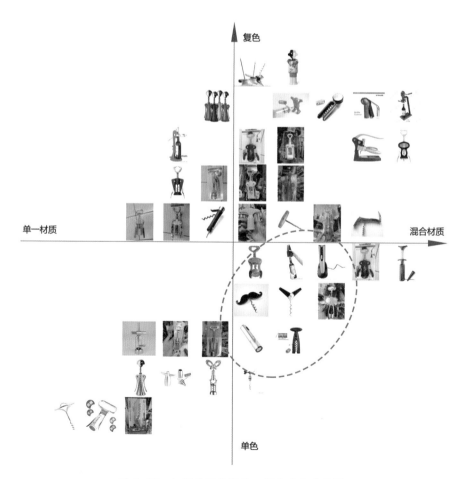

图 3-30　红酒开瓶器材质—颜色意向分析图

3.3.2　计算机辅助工业设计

1．计算机辅助工业设计的作用

随着计算机图形技术的发展，计算机辅助设计已经渗入产品设计的各个阶段。无论是设计创意阶段的概念手绘、效果图表现，还是制造实现阶段的工程制图表现，都离不开软件技术的参与。

软件的使用使设计效率获得极大提升，为创意实现插上了翅膀。设计师通过计算机可以很容易模拟出产品实现的最终结构与效果，并进行测试和比较，大大节省了时间，降低了产品开发的周期和成本。

2．表现软件的作用与选择

作为工业设计辅助软件，目前在公司与企业中运用最广泛的是在二维表现领域和三维表现领域。下面分别介绍两类软件在产品设计当中的作用，并对常见软件进行介绍与分析。

（1）二维表现软件的作用与选择。对于造型比较规整的产品，如通信电子类产品、家电类产品，往往可采用二维表现软件进行产品效果图的表现。常用软件分为两种，一种是矢量软件，如 Illustrator、CorelDRAW（图 3-31 和图 3-32）；另一种是图像软件，如 Photoshop（图 3-33）。矢量软件在精确尺寸参照方面更有优势，而图像软件在表现质感效果上会更突出。对于项目开发来说，实际上掌握一种软件就足以完成各种任务。

在手绘创意阶段完成后，设计师会将手绘稿整理成三视图或者六视图，并将其扫描进二维软件中，运用软件将其规整成 1：1 的线框图，并进行效果表现。在进行产品造型改良设计时，可以将原有产品的内部机构 CAD 图导入二维软件里，并在此基础上进行产品外观造型的尺寸规范界定（图 3-34）。

如何用 20% 的功能完成 80% 的设计——产品设计软件学习攻略（产品设计软件概况）

设计关键点 | 如何用 20% 的功能完成 80% 的设计——产品设计软件学习攻略

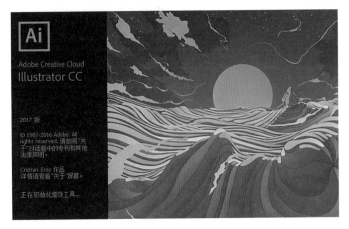

图 3-31　Illustrator

图 3-32　CorelDRAW

图 3-33　Photoshop

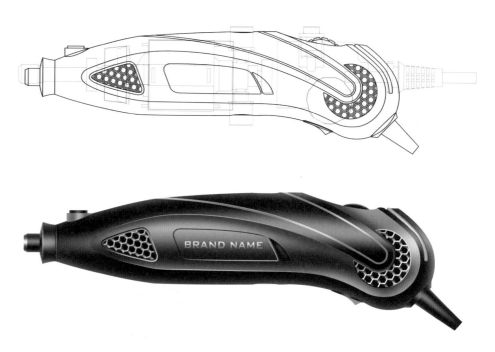

图 3-34　卧式吸尘器二维效果图表现

　　二维软件的优势是造型效果修改起来非常快，可以方便地绘制出不同的造型并进行推敲研究。而这样的操作如果运用三维造型与渲染软件来实现的话，制作时间将成倍增加（图 3-35）。同时，二维软件的材质表现效果非常突出，甚至可以与三维渲染的效果图相媲美。对于一些造型比较规整的产品设计项目，往往二维效果图表现就是最终的产品造型设计成稿，产品造型确定后，可直接进入工程设计阶段（图 3-36）。

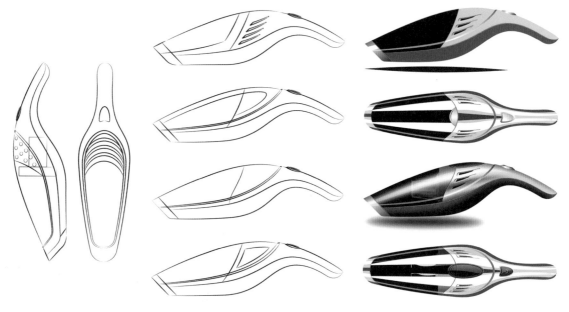

图 3-35　手持吸尘器造型设计与二维效果图表现

图 3-36　立式吸尘器二维效果图表现

（2）三维表现软件的作用与选择。三维软件造型与效果表现是产品造型设计最后呈现的效果，一方面通过软件进行造型与效果表现，能够将产品设计的创意以最接近实物的方式呈现出来，相比制作模型来说，时间成本和资金成本更低；另一方面是在产品结构与模具等工程设计的起始阶段，通过三维软件造型与效果表现所定义好的产品形态、尺寸、色彩、材质等都将在后续工程设计阶段进行落实与完善。

三维表现软件一般分为三维设计软件和渲染软件两种。

1）常见三维设计软件有两类，一类是擅长曲面设计的 NUBRS 曲面设计软件，最常见到的是 Rhinoceros 和 Alias Studio Tools 软件。Rhinoceros 是目前最容易上手的 NUBRS 曲面设计软件，也是绝大多数设计师最常使用的软件之一。其曲面设计的模块易于使用与操作，并且建模数据能够用于手板模型、3D 打印与工程设计，所以在设计公司与企业中广泛使用（图 3-37）；Alias Studio Tools 是面向工

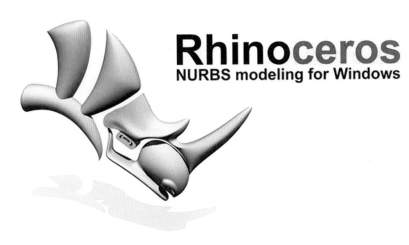

图 3-37　Rhinoceros

业设计师的一款全面覆盖计算机辅助工业设计的软件，最早运用于汽车行业的设计领域，目前逐渐运用于其他行业的工业设计。它能够实现草图、建模、渲染与动画演示等各个方面的功能（图3-38）。

另一类是工程设计软件，设计师常使用的软件有 PTC 公司的 Creo（原 Pro/Engineer）、Dassault 公司的 SolidWorks 和 Siemens PLM Software 公司的 UG（Unigraphics NX）（图 3-39～图 3-41）。这三款软件主要用于产品结构设计、模具设计、钣金设计、虚拟仿真等工程设计与制造领域，尤其在参数化特征建模方面功能非常强大。当 NUBRS 曲面软件设计的数据进入工程软件时，往往会出现模型破面、数据调整等问题，与工程师沟通也有一定困难。所以，许多设计师在产品设计阶段就采用工程设计软件，避免了此类问题，使得其与工程师协作设计更加顺畅。

2）常见的渲染软件有两类，一类是图像渲染软件，最有名的是 V·Ray 渲染器，可以作为插件内置于 Rhinoceros 中（图 3-42）。相比其他渲染器而言，V-Ray 具有设置简单、渲染速度快、兼容性和效果出众等优点。

另一类软件是即时渲染软件，目前使用最多的是 KeyShot 软件，这是一款互动性光纤追踪与全域光渲染软件（图 3-43）。该软件最大的优点是无须复杂的设定即可产生如照片一样的真实渲染效果，目前在设计企业和公司中广泛使用。

图 3-38　Alias Studio Tools

PTC®

creo® parametric

图 3-39　Creo

图 3-40　SolidWorks

图 3-41　Unigraphics NX

图 3-42　V·Ray　　　　　　　　　　　　　　图 3-43　KeyShot

3. 软件学习的步骤与注意事项

（1）软件学习的步骤。许多设计初学者在学习软件时，常常会陷入困境：虽然看了许多软件书和视频教程，但做设计时发现还是不能上手。学习软件的目的是应用，是看能否将想法通过软件实现出来，而不是掌握所有的命令和技术。在经济学领域有一个著名的 80/20 法则，这个法则在掌握软件方面同样适用。通常掌握 20% 的软件功能和命令就可以解决 80% 的设计问题。实际上，软件学习关键在于是否能够灵活运用并掌握 20% 的主要功能。至于其他命令和实现效果，可根据设计实践的需要在运用时学习。

如何用 20% 的功能完成 80% 的设计——产品设计软件学习攻略（软件学习的步骤与注意事项）

无论是二维软件还是三维软件的学习，实际上许多方法都是相通的，作者结合自身学习软件以及教学方面的经验整理了以下学习软件的"三步走"方法。

1）进阶式案例学习。学习材料选择：可以选择一套以进阶式案例讲解命令为主的教程或者图书，如果是图书，最好配有视频教程与源文件素材。同时再选择一套主要讲解详细命令的图书，用于命令速查。

学习方法：根据案例教学资源一步一步地进行软件学习，结合视频和源文件进行对比和模仿。遇到无法实现的步骤时，查阅详细命令讲解的图书寻找原因。这个阶段的学习主要是熟悉命令，模仿案例达到和学习资源一样的效果。

学习时间：二维软件 1 个月，三维软件 2 个月。

2）商业案例学习。学习材料选择：选择真实商业案例的实例教程学习。对资源的选择标准是：和产品设计工作的最终目标效果是否一致。

学习方法：侧重掌握绘图思路，前几个案例先仔细阅读绘图步骤，最后再进行绘图。后几个案例先根据最终效果制作，再查看教程的参考步骤，看自己的绘图思路是否正确。这时候你就会从单纯的命令学习开始进入绘图思维的学习了。甚至你会发现，有时候自己构思的绘图方法比教程中的还好。实际上，条条大路通罗马，同样的效果是可以用多种方式实现的。

学习时间：1～2 个月。

3）在设计创作中灵活运用。完成第 2）步学习后，实际上已经掌握了主要命令和基本的绘图方法。这个时候更要趁热打铁，逐渐形成运用软件设计的能力。

图 3-44　二维软件实物测绘绘图

图 3-45　三维软件实物测绘绘图

图 3-46　笔记本概念设计

练习方法：运用掌握的软件，测绘身边的创意设计产品（图 3-44 和图 3-45）。在后续的产品设计课程、设计竞赛或者设计项目中用掌握的软件进行设计实现（图 3-46）。

练习时间：1 ～ 2 个月。

通过以上 3 步的学习，就会使软件成为你自由表达设计创意的工具了。

（2）软件学习的注意事项。在通过软件学习产品设计的过程中，有几个原则要提醒学习者：

1）软件是工具，不能替代设计本身。软件的使用已经渗入设计的全流程，有时候会给设计师带来错觉，以为学会软件，能够做出绚丽的效果就是一个好设计师。实际上，熟练运用软件，仅仅是一个"美工"。软件和画笔一样，都是表达设计创意的工具。关键在于设计思维，需具备洞察用户需求和解决问题的能力。熟练掌握软件的目的，最终还是要使我们的"手"灵巧起来，能够无障碍地表达思考的创意。

2）软件学习贵在精，而非多。前面笔者已经介绍了众多软件，但实际上并不要求，也没必要掌握这么多的软件。在设计流程当中，每一个环节熟练掌握一款设计软件即可。如二维软件中，矢量软件掌握一个，用于绘制二维产品效果图和排版；图像处理软件掌握一个，用于效果图处理。三维软件和渲染软件各掌握一个，用于产品建模和渲染。

3）设计流畅，提高效率，这是最重要的原则。软件掌握和使用的原则是软件之间的衔接要方便，兼容性好。通过不同软件合理配置，使整个设计流程一气呵成，设计师可以专注在设计本身，不会疲于在不同软件之间转换和修改。

最后需说明的是：一般在产品设计流程中，草图部分会将产品设计创意的形态、功能、感觉进行大致定义，细节和完善部分会在二维软件中进行，再由三维软件对其进行修订和更正。有些设计师会将设计流程中的二维软件设计部分省略掉，将产品设计最终效果的设定全部放在三维软件部分。表面上看这样会节省时间，实际上造型设计细节和完善的部分在三维软件设计中修改起来效率并不高，有时候反而会更费时间。在实际项目完成中，要根据项目本身的要求、设计方案的复杂程度、时间周期等方面来平衡草图表现、二维软件表现、三维软件表现在流程中的作用。

3.4 案例拓展

3.4.1 家用电动工具（一）

1. 确定设计定位

基于对相同电动工具的研究，在内部结构相同的情况下，设计者将该款电动工具的使用环境定位为家庭装修或手工制作使用；适用人群为家庭成年成员；产品造型采用流线型；产品配色采用红黑或黄黑颜色，材料选用塑料与合金。根据以上设计定位描述，选择合适的图片组合设计定位意向图（图 3-47）。

2. 绘制产品概念设计草图

根据确定的设计定位绘制概念设计草图，从固定的内部结构出发，思考造型设计方案的多种可能性，该款设计的草图研究最终落脚到流线型造型的整体设计（图 3-48）。

3. 二维效果图设计

通过两个视图的二维效果图绘制，将尺寸、比例、形态、颜色和材质确定下来（图 3-49）。

4. 三维效果图设计与呈现

设计说明：这款电动工具采用流线造型，整体造型大量采用圆角，采用黄、黑颜色搭配，注重人体工程学上的手持舒适度。产品小巧、便携，特别适合家庭使用（图 3-50）。

家用电动工具设计过程展示（一）

课件：案例拓展｜家用电动工具设计（一）过程展示

图 3-47 设计定位意向图

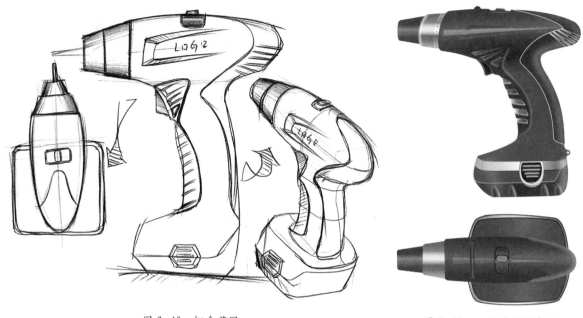

图 3-48　概念草图

图 3-49　二维效果图表现

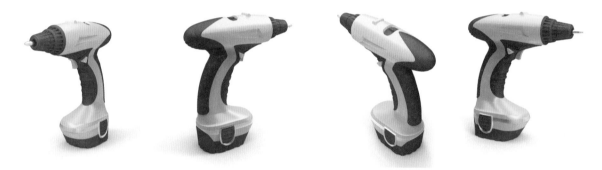

图 3-50　三维效果图表现

3.4.2　家用电动工具（二）

1. 确定设计定位

基于对相同电动工具的研究，在内部结构相同的情况下，设计者将该款电动工具的使用环境定位，为家庭装修或手工制作使用；适用人群为家庭成年女性；产品造型采用流线型；产品配色采用红黑搭配方案；材料选用塑料与合金。根据以上设计定位描述，选择合适的图片组合设计定位意向图（图 3-51）。

2. 绘制产品概念设计草图

根据确定的设计定位，绘制概念设计草图，从固定的内部结构出发，思考造型设计方案的多种可能性，最终该款设计的草图研究落脚到啄木鸟造型语义的抽象运用（图 3-52）。

3. 二维效果图设计

通过两个视图的二维效果图绘制，将尺寸、比例、形态、颜色和材质确定下来（图 3-53）。

家用电动工具设计
过程展示（二）

课件：案例拓展 | 家
用电动工具设计（二）
过程展示

图 3-51 设计定位意向图

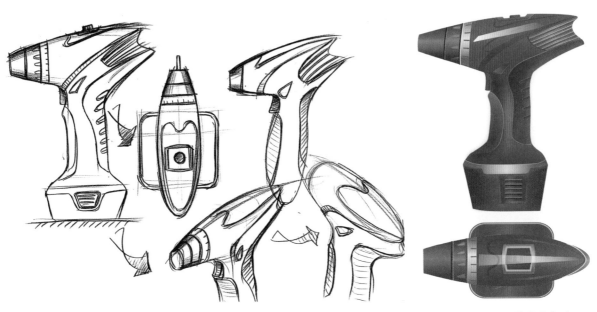

图 3-52 创意草图

图 3-53 二维效果图表现

4．三维效果图设计与呈现

设计说明：这款电动工具的设计灵感来源于啄木鸟的造型，采用流线型设计语言，主要使用人群为家庭成年女性。产品主体部分采用硬塑料材质，手持部分采用橡胶包裹，使用手感舒适（图 3-54 和图 3-55）。

图 3-54　三维效果图表现　　　　　　　　　图 3-55　三维效果图局部表现

第 4 章 | 从用户研究出发进行创意设计
——旅游纪念品设计

4.1 学习目标与流程

4.1.1 项目介绍

第 2 章、第 3 章是从造型设计的角度来探讨产品设计的流程与方法，这是产品设计非常重要的内容，但绝不是产品设计的全部。产品设计的创新和突破，更重要的是从洞察用户的使用需求和情感诉求出发，通过设计有针对性的创意设计产品寻找合理的解决方案。

本章所讲解的旅游纪念品设计就是这样一个案例（图 4-1）。项目开始并没有直接进行设计，而是从市场研究角度出发，对于旅游纪念品市场现有的产品进行抽样调查与分析；从用户研究角度出发，针对旅游者消费态度进行定量问卷调查与分析、对旅游者消费行为进行定性深度访谈与分析。根据市场与用户的研究数据分析得出目前旅游纪念品开发的方向与原则，再有针对性地进行产品开发。在本章案例解析中展示的是整个设计流程以及针对其中一个设计方向的作品（图 4-2），在案例拓展中展示了其他两个设计方向的作品。从用户研究出发进行创意设计的好处就在于项目进行的不是一个点的设计，而是一个面的设计。根据用户研究能够得出准确的用户诉求和设计方向，这为产品设计开发提供了战略和战术两个方面的指导意见。

从用户研究出发进行
创意设计——旅行纪
念品设计(产品分析)

课件：案例解析｜
从用户研究出发进
行创意设计——旅
游纪念品设计

图 4-1　旅游纪念品创意设计方案——灰白印象办公用品系列

4.1.2　学习目标

（1）了解产品开发设计的基本流程与方法。

（2）掌握市场产品抽样调查分析的方法。

（3）具备用户研究的基本能力。

（4）能够运用问卷法对特定选题展开定量调研与分析。

（5）能够运用深度访谈法对特定选题展开定性研究与分析。

（6）能够根据确定的设计方向进行创意产品开发。

4.1.3　设计流程

旅游纪念品设计流程如图 4-2 所示。

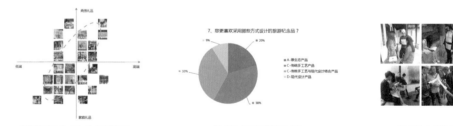

旅游纪念品市场样品　　旅游者消费问卷　　旅游者消费行为
采集与研究分析　　　　调查与分析　　　　深度访谈与分析

设计作品的呈现与展示　　设计方案主题　　旅游纪念品开发
　　　　　　　　　　研究与概念确定　　原则与方向

图 4-2　旅游纪念品设计流程

4.2.1　旅游纪念品市场样品采集与研究分析

在进行苏州旅游纪念品设计之前，首先要对苏州旅游纪念品市场现状有所了解。项目组成员从苏州选定九个著名旅游景点（拙政园、狮子林、苏州博物馆、留园、山塘街、虎丘、寒山寺、网师园、沧浪亭）作为市场调查样本来源，前往景点调查与拍摄市场上现有旅游纪念品并采集具有典型特征的样品带回工作室研究。通过对采集与拍摄的旅游纪念品样本进行比较分析，从材质、功能、定位人群等方面了解旅游纪念品市场现状。最终，项目组采集了市场上共计300个在售的旅游纪念品。通过对这300个旅游纪念品的统计发现，其中符合苏州特色的旅游纪念品有214个，占71.33%。接下来，就通过对符合苏州特色的214个旅游纪念品进行分析，来发现苏州旅游纪念品市场的现状。

项目组共从三个维度对苏州旅游纪念品进行分析（图4-3）。第一个维度是消费者特征，分别从年龄、职业、收入、购买意图四个角度来对旅游纪念品进行分类；第二个维度是旅游纪念品的功能，分别从实用产品、游戏玩具、装饰摆件、装饰挂件四个角度对旅游纪念品进行分类研究；第三个维度是设计方式，将旅游纪念品根据传统工艺、现代设计、现代设计与传统工艺相结合三种方式对旅游纪念品进行分类研究。

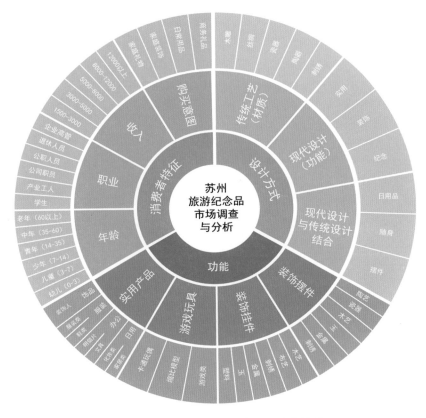

图4-3　苏州特色旅游纪念品类型分析图

1．消费者特征分析

本次调查将现有旅游纪念品从消费者特征方面按照四个角度进行划分。

（1）根据年龄，将购买旅游纪念品的人群分成幼儿、儿童、少年、青年、中年以及老年。不同的消费人群对产品的需求不同，幼儿讲究产品的寓意，儿童注重产品趣味性，少年讲究产品新颖、有益智作用，青年在乎产品实用性与美观，中年购买产品更多是注重装饰性，而老年购买产品讲究信仰兼具收藏价值（表4-1）。

表4-1　旅游纪念品分析（按年龄）

年龄	实例					说明
幼儿（0～3）						吉祥、富有寓意
儿童（3～7）						趣味性
少年（7～14）						新颖、益智
青年（14～35）						实用性、美观
中年（35～60）						装饰性
老年（60以上）						收藏性、信仰

（2）根据旅游者的职业，将旅游纪念品购买对象划分成学生、产业工人、公司职员、公职人员、退休人员、企业高管六个类别。学生群体比较在乎价格，同时希望产品是便宜且新奇好玩的；产业工人希望产品实惠、实用；公司职员在乎产品的实用性；公职人员喜欢中档产品，对美观有一定要求；退休人员希望产品具有一定收藏纪念价值；企业高管对高档、有品位的产品更为热衷（表4-2）。

表4-2　旅游纪念品分析（按职业）

职业	实例					说明
学生						便宜、新奇、好玩
产业工人						实惠、实用
公司职员						舒适，实用性强
公职人员						中档、美观
退休人员						收藏纪念价值
企业高管						高档、有品位

（3）根据旅游者的收入情况，将旅游者分成 1 500～3 000 元、3 000～5 000 元、5 000～8 000 元、8 000～1 2000 元、12 000 以上 5 个档位。收入在 1 500～3 000 元的旅游者希望购买经济实惠、便宜有趣的产品；收入在 3 000～5 000 元的旅游者更喜欢实惠、美观、实用的产品；收入在 5 000～8 000 元的旅游者比较喜欢购买有当地特色、制作精美、有纪念观赏价值的产品；收入在 8 000～12 000 元的旅游者喜欢购买有文化特色与品位、高档、有赏玩价值的产品；收入在 12 000 元以上的旅游者更为注重做工精致有观赏与收藏价值的产品（表 4-3）。

表 4-3　旅游纪念品分析（按收入）

收入人群	实例					说明
1 500～3 000 元						便宜、有趣，适合大众消费
3 000～5 000 元						实惠、美观、实用
5 000～8 000 元						有当地特色，相对精美，有观赏纪念价值
8 000～12 000 元						有文化特色和赏玩价值，相对高档，有品位
12 000 元以上						工艺精致，有很高的收藏观赏价值

（4）根据旅游者的购买意图，可以将旅游纪念品按照家庭礼物、家庭装饰、日常用品、商务礼品进行分类。其中，家庭礼物是指将旅游纪念品购买回来作为馈赠亲友的礼物使用；家庭装饰是指购买回来的纪念品放在家里作为挂件、摆件等起到美化家居环境的作用；日常用品是指旅游纪念品是作为具有使用价值或者装饰价值的物品买回来使用的；商务礼品是指旅游纪念品购买回来作为工作或商务上的礼物使用（表 4-4）。

表 4-4　旅游纪念品分析（按购买意图）

购买意图	实例					
家庭礼物						
家庭装饰						
日常用品						
商务礼品						

2．使用功能分析

除了从消费者特征方面分析外，还可以将旅游纪念品样本从实用功能方面分成四个部分，分别是装饰摆件、装饰挂件、游戏玩具、实用产品。装饰摆件，顾名思义，就是起到装饰作用的陈列摆件。调查发现，基本上苏州市场上作为旅游纪念品的装饰摆件可以按照工艺分成陶艺、瓷器、木艺、玉雕、金属工艺、刺绣六种。苏州作为著名的传统工艺发源地，有着悠久的民间工艺背景，这方面的产品数量众多，不足为奇（表4-5）。

表4-5　旅游纪念品装饰摆件分类

类型	实例					
陶艺						
瓷器						
木艺						
玉雕						
金属	兵器模型					
刺绣						

同样的，作为装饰挂件的纪念品数量也有很多，苏州市场上的装饰挂件可以按照工艺分成木艺、布艺、刺绣、金属工艺、玉雕及塑料制品六种。其中需要说明的是，塑料制品主要是比较廉价的旅游纪念品，一般为仿制金属工艺、玉雕工艺、木雕工艺的一些饰品（表4-6）。

表4-6　旅游纪念品装饰挂件分类

种类	实例					
木艺						
布艺						
刺绣						
金属						
玉雕						
塑料						

另外，在苏州旅游品市场上还有大量的玩具类旅游纪念品，可以分成卡通玩偶类、缩比模型类与游戏类。卡通玩偶类是指根据古代著名人物、民间典故、飞禽走兽等制作的玩偶造型；缩比模型是指根据当地特色景观、著名建筑等同比例缩小尺寸制作的供游人观赏或者把玩的模型玩具；游戏类玩具是指一些具有互动特点的玩具，供单人或者多人游戏使用（表4-7）。

表4-7　旅游纪念品玩具分类

类型	实例				说明
卡通玩偶					玩偶玩具，适合各类人群把玩
缩比模型			小葫芦	兵器模型	将实物缩小成模型，既适合观赏又适合把玩
游戏					无聊闲暇时的消遣玩具，简单易操作，适合各类人群

最后一种是具有实用价值的产品，可以分成四类：一类是随身饰品，包括手镯、项链、吊坠等；一类是服装产品，主要是苏州有名的丝巾、丝绸旗袍、丝绸围巾、丝绸鞋等；第三类是办公用品，包括大量的景点明信片、笔、书签、其他文具等；最后一类是常见的日用品类，包括丝绸化妆盒、化妆镜、零钱盒、扇子、冰箱贴等（表4-8）。

表4-8　旅游纪念品实用产品分类

分类		实例						说明
饰品	装饰类							精致大方
服装	服饰类							既便宜又舒适
	鞋类							带有刺绣的鞋
办公	明信片							印有景点风景
	文具							实用
日用	化妆类							传统，好看
	家居类							实用，颜色大众化

3．设计方式分析

还可以从旅游纪念品的设计方式上对苏州现有旅游纪念品进行分析。目前，苏州旅游纪念品市场上产品种类繁多，从设计方式角度大致可以分成三类。第一类是采用传统工艺手段制作的旅游纪念品。准确地说，这一类应该叫作旅游工艺品，因为这类产品是代表当地特色、严格按照传统工艺制作出来的产品。这类产品制作精良，不仅具有纪念价值，更具有欣赏价值与收藏价值。苏州历史悠久，传统技术与工艺众多，大致可以将此类产品分成木雕、丝绸、瓷器、陶器、刺绣等（表4-9）。

表 4-9　传统工艺旅游纪念品分类

工艺材质	实例					说明
木雕						装饰性、绘画性和意象性
丝绸						工整娟秀，色彩清新高雅
瓷器						色彩艳丽，装饰华美富丽
陶器						形象逼真精巧
刺绣						做工精细

　　第二类是现代设计的旅游纪念品，这类产品是由掌握现代艺术设计方法的设计师根据旅游景点或城市特点，专为景区设计的旅游纪念品，其价格相对低廉，一般具有一定的实用价值。根据侧重点，可以将这类旅游纪念品分为侧重实用性、侧重装饰性、侧重纪念品三类产品。目前，现代设计旅游纪念品在苏州市场种类单一，与传统工艺的旅游纪念品相比销量较少（表 4-10）。

表 4-10　现代设计旅游纪念品分类

工艺功能	实例					说明
实用						由木质、纸质制成，成本低廉，经济实惠
装饰						佩戴挂饰用品，起装饰、保暖作用
纪念						挂件与纸质纪念品，批量生产与印刷，效率高，成本低

　　第三类是现代设计与传统工艺相结合的产品，这类产品采用传统工艺或者材料制作，由设计师根据现代人的审美或者实用需求制作，根据市场现有情况可以分成日用品类、随身携带类、装饰摆放类。目前，这类产品需求量较大，但现有产品更多是用现代廉价工艺仿制传统产品，大多是传统工艺的廉价替代品，缺乏深度挖掘和设计（表 4-11）。

表 4-11　现代设计与传统工艺相结合的旅游纪念品分类

综合	实例					特征
日用品						实用性强
随身性						方便，小巧
摆放性						有一定价值和纪念意义

4. 旅游纪念品意象图分析

通过上述分析，读者能够知道目前苏州旅游纪念品市场的产品构成以及各类旅游纪念品的特点。因此，可采用意象图的方式对现有旅游纪念品进行分析，以确定目前市场上对旅游纪念品的需求以及未来市场可能的发展方向。先以高端、低端和商务、家用作为两组定义词绘制坐标轴（图4-4）。可以发现，大部分的旅游纪念品分布在高端商务礼品和低端家庭礼品两个区域。作为购买旅游纪念品的旅游者，如果将其作为商务礼品，更多考虑的是相对高端的产品；而对于家庭礼物，更多考虑的是以买低端的小礼物为主。

再以收入和年龄作为两组定义词绘制坐标轴（图4-5）。可以发现，数量与种类最多的是适合高龄低收入的纪念品，而低龄低收入、高龄高收入紧跟其后。这也可以反过来说明，现今在旅游景点，年龄较大并且收入较低的群体出行旅游并购买纪念品的人数较多，而景区旅游纪念品市场针对年龄较小而收入较高的群体的产品较少，不能吸引他们的需求。

将有关收入的定义词换作使用目的的定义词（装饰—实用）再绘制坐标轴（图4-6）。可以发现，无论是装饰类的还是实用类的，现有的旅游纪念品针对高龄人群的产品比较全面；而针对低龄人群，实用类的产品比较多，装饰类的产品较少，这也从另一个方面也显示了目前旅游品市场在低龄人群吸引力上的不足。

将有关年龄的定义词换作制作工艺的定义词（传统—现代）再绘制坐标轴（图4-7）。可以发现，目前市场上大部分旅游纪念品采用的是传统工艺或者传统式样的产品，而采用现代工艺和设计方式的产品种类明显不足，这部分市场仍有空缺。

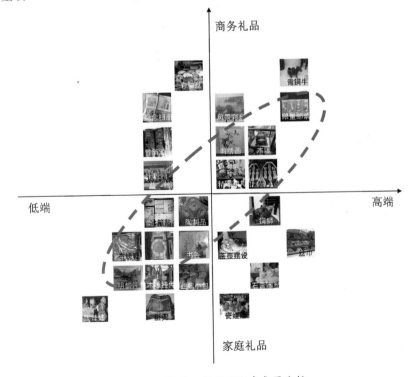

图4-4 档次—礼品用途意象图分析

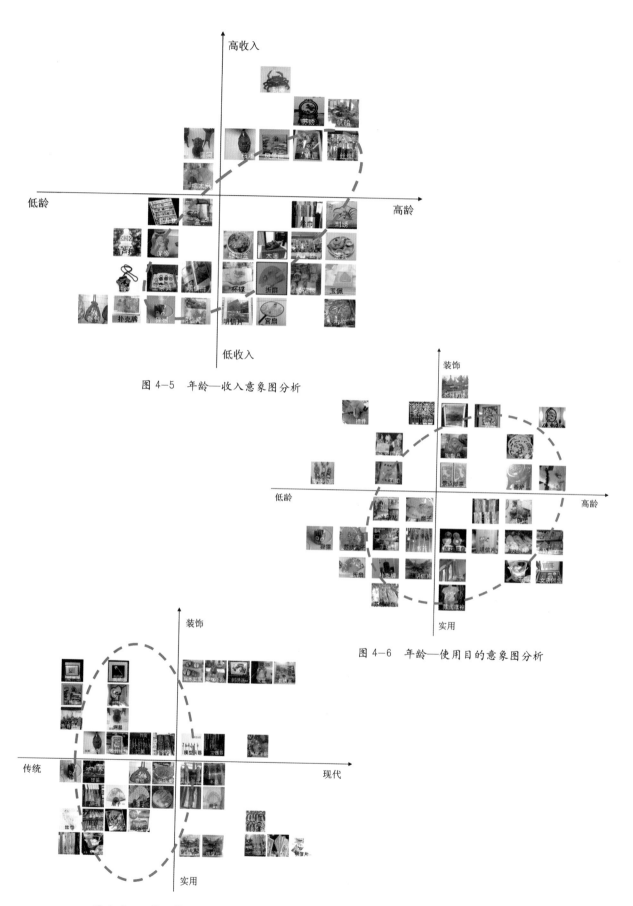

图4-5 年龄—收入意象图分析

图4-6 年龄—使用目的意象图分析

图4-7 工艺—使用目的意象图分析

将有关使用目的的定义词换作价格的定义词再绘制坐标轴（图4-8）。可以发现，无论是传统工艺产品还是现代设计产品，目前旅游纪念品市场上大部分产品的价格定位不高。另外，传统工艺昂贵的产品也有一定的数量，而采用现代设计与工艺的高价产品不多。这一方面体现了苏州作为传统工艺名城的优势，但也显示了在创新和产品开发方面的不足。

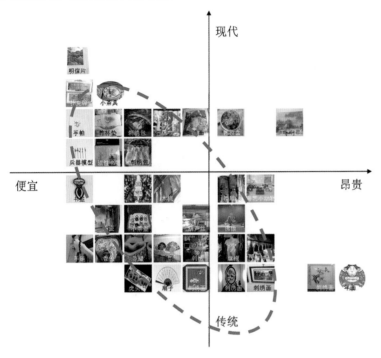

图4-8 工艺—价格意象图分析

5. 苏州旅游纪念品市场现状分析结论

经过上面的分析，可以将苏州旅游纪念品市场的现状总结为以下几点：

（1）目前苏州旅游纪念品市场总体种类齐全，发展情况良好，但仍有相当比例的产品并不能体现苏州特色或者景区特点。

（2）目前苏州旅游纪念品市场上以传统工艺类旅游纪念品居多，而采用现代设计与工艺制造的产品，或者是运用现代设计理念开发的特色工艺产品不多，创新开发力度不够。

（3）目前苏州旅游纪念品市场更多是适合中老年以上人群的产品，由于缺乏创新设计，故产品对青少年人群吸引不足。

（4）目前苏州旅游纪念品高端市场更多的是传统工艺品设计，适合中、老年旅游者进行购买、收藏和鉴赏，对青年人吸引力不大。

（5）苏州旅游纪念品市场装饰类产品数量多，种类丰富。实用类产品市场所占比重较大，但种类却不多，实用类产品的开发力度不够。

4.2.2　旅游者消费问卷调查与分析

通过对苏州旅游纪念品市场现有产品的分析梳理，已经对目前市场情况有了

从用户研究出发进行
创意设计——旅游纪
念品设计(用户调研)

一个整体的了解。但目前市场情况是否满足旅游者的需要，旅游者更期待什么样的产品，不同类型旅游者对产品的需求情况有什么特点，还缺乏更深入的分析。旅游者是旅游纪念品的购买者，对他们的调查能够更直接地获取他们的需求，接下来就针对旅游者展开问卷调查。

1. 旅游者问卷调查的设计

考虑到实地采访时的用户正在游玩，采访时间不宜过长（限定在 3 分钟以内）。问卷共设计了 10 道题目，分别指向旅游纪念品设计中最关键的几个因素：意愿、价格、意图、价值、类型、尺寸、设计理念、苏州元素体现方式、特性、对现有纪念品满意程度等。通过前期研究成果，将苏州旅游纪念品现状和可能的发展方向设置在选项中，以期待得到旅游者的反馈。此外，在人口特征部分一共设置了 6 个选项，分别是年龄、职业、文化程度、个人收入、来自省份、旅游方式（图 4-9）。

2. 旅游者问卷调查的实施

此次问卷调查选定前期调查的 9 个旅游景点（拙政园、狮子林、苏州博物馆、留园、山塘街、虎丘、寒山寺、网师园、沧浪亭），共发放问卷 300 份，收回问卷 300 份，统计过后共有有效问卷 207 份，有效率达到 67%（图 4-10）。

苏州旅游纪念品设计市场调查问卷

访问地点：_____ 访问时间：_____ 访问员：_____
您好！
    首先欢迎您来到苏州旅游，我们是来自苏州工艺美术职业技术学院的访问员，受苏州市委宣传部与苏州市哲学社会科学界联合会委托，我们正在进行《苏州特色旅游纪念品设计市场调查与研究》项目实施工作，希望能得到您的大力支持和协助。
                                谢谢！

1. 您来苏州旅游，是否愿意购买旅游纪念品带回家？
   （单选：请在您要选择的选项前打√）
   A. 一定会购买
   B. 价格合理会购买
   C. 碰到喜爱的会购买
   D. 一定不会购买

2. 您在苏州旅游期间，愿意购买的旅游纪念品单价在_____？
   （单选：请在您要选择的选项前打√）
   A. 50 元以内   B. 50～100 元   C. 100～200 元   D. 200 元以上

3. 您购买旅游纪念品的意图？
   （多选：请在您要选择的选项前打√）
   A. 馈赠亲友   B. 家庭装饰   C. 日常使用   D. 商务礼品

4. 您购买旅游纪念品更关注哪方面的因素？
   （多选：请在您要选择的选项前打√）
   A. 纪念价值   B. 实用价值   C. 收藏价值   D. 观赏价值

5. 您更希望购买哪些类型的旅游纪念品？
   （多选：请在您要选择的选项前打√）
   A. 装饰摆件（摆放在桌面、搁架的工艺品）
   B. 装饰挂件（挂在墙面的工艺品）
   C. 服装饰品（丝绸服饰、帽子、丝巾等）
   D. 日常用品（杯垫、扇子、钱包、手机壳等）
   E. 办公用品（书签、笔、便签盒等）
   F. 玩具（卡通玩偶、缩比模型、休闲游戏等）

6. 您能承受购买旅游纪念品的最大尺寸是_____？
   （单选：请在您要选择的选项前打√）
   A. 放在口袋里   B. 放在单肩包里   C. 放在背包里
   D. 放在行李箱里   E. 不考虑

7. 您更喜欢采用哪些方式设计的旅游纪念品？
   （多选：请在您要选择的选项前打√）
   A. 原生态产品   B. 传统手工艺产品
   C. 传统手工艺与现代设计结合产品   D. 现代设计产品

8. 您希望购买的旅游纪念品在哪些方面体现出苏州元素？
   （多选：请在您要选择的选项前打√）
   A. 造型   B. 材质   C. 工艺   D. 色彩   E. 寓意

9. 对于一款现代设计旅游纪念品您更希望它具备哪些特点？
   （多选：请在您要选择的选项前打√）
   A. 纪念性   B. 实用性   C. 便携性   D. 艺术性   E. 互动性

10. 您对市场现有旅游纪念品有哪些不满的地方？
    （多选+补充：请在您要选择的选项前打√）
    A. 价格太高
    B. 没有地方特色
    C. 实用性不强
    D. 做工粗糙、质量差
    E. 不够美观
    其他：_____

- -
请讲一下自己：不留姓名！绝对保密！（请在您自己情况的选项前打√）

年龄：18 岁以下；18～30 岁；30～40 岁；40～50 岁；50～60 岁；60 岁以上；

职业：学生；产业工人；公司职员；公职人员（事业单位、公务员）；
      退休人员；企业高管；

文化程度：中学及以下；大专及本科；研究生及以上；

个人收入：1 500～3 000 元；3 000～5 000 元；5 000～8 000 元；8 000～12 000 元；12 000 元以上

来自省份：_____

旅游方式：个人自助游；结伴自助游；亲朋陪伴游；跟旅行团游；

图 4-9 苏州旅游纪念品市场调查问卷

3. 旅游者问卷调查的统计与分析

（1）人口特征统计。本次调查对象中大部分为18～30岁的青年群体，其次是30～40岁、40～50岁的中青年群体（图4-11）。

其中大部分调查对象的职业为公司职员与学生，其他依次为公职人员、产业工人、退休人员、企业高管（图4-12）。

大部分受访群体的学历为大专与本科，少量为中学以下和研究生以上（图4-13）。

除了学生群体没有收入之外，大部分被调查者的收入在3 000～5 000元，其次是5 000～8 000元和1 500～3 000元（图4-14）。

被调查者来自苏州及其周边省份居多，其次是华北地区，其他地区旅游者不多，呈均匀分布（图4-15）。

图4-10 问卷调查实施

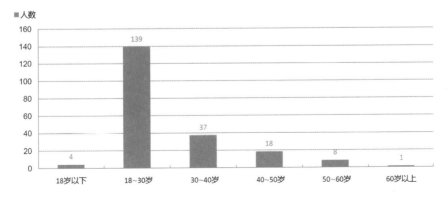

图4-11 受访人群年龄分布

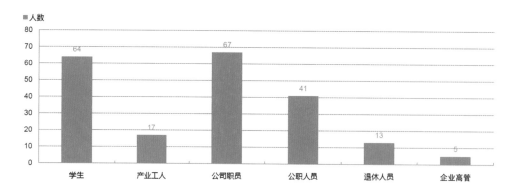

图 4-12　受访人群职业分布

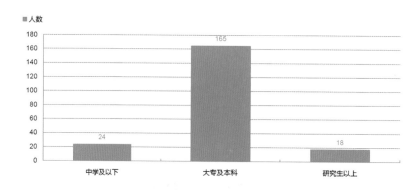

图 4-13　受访人群学历

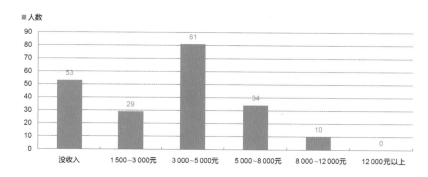

图 4-14　受访人群收入分布

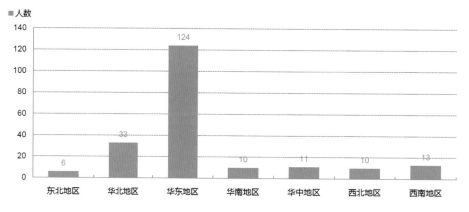

图 4-15　受访人群来自区域

旅游者以个人自助旅游居多，其次是结伴自助旅游，跟团游和亲朋陪伴旅游的不多，但也有一定数量（图4-16）。

（2）问卷整体统计与分析。下面就对207份有效问卷进行分析，从中发现有价值的信息。首先我们想了解的是旅游者是否有意愿购买旅游纪念品。统计结果显示，只有3%的旅游者会明确地提出不会购买，而一定会购买的人数为18%，这说明绝大部分旅游者在外旅游都有购买旅游纪念品的意愿，但是养成习惯的旅游者并不多。选择碰到喜欢的会购买和价格合理会购买的旅游者数分别占到了43%和36%，这其实给进行旅游纪念品开发的人员带来了启示：旅游者是否会购买旅游纪念品，关键要看能否提供价格合理、设计上乘的产品（图4-17）。

在问到旅游者购买旅游纪念品可以接受的价位时，占41%的人选择50～100元，此外，50元以内和100～200元的选择人数各占29%与24%，而200元以上的只占6%。可以发现，100元以内的产品选择人数达到了70%，这说明大部分旅游者接受价格适中的产品。在设计产品时要考虑价格因素，不要因为设计附加值的介入而过分提高产品售价。另外，要考虑成本因素，让人愿意购买的旅游纪念品不一定要用名贵的材料制作，如何在设计、品质、材料间寻找平衡才是最需要考虑的问题（图4-18）。

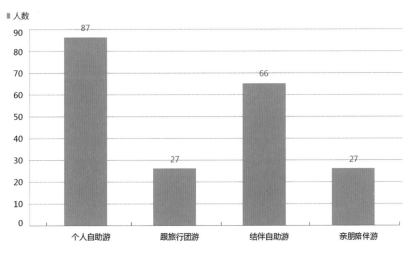

图4-16　受访人群旅游方式

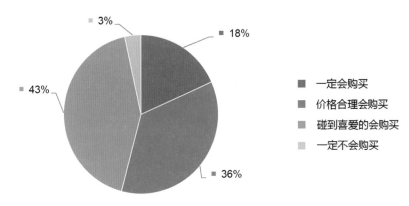

图4-17　旅游者购买旅游纪念品的意愿

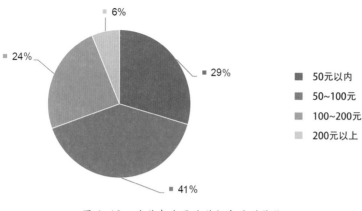

图 4—18　旅游者购买旅游纪念品的价位

50元以内
50~100元
100~200元
200元以上

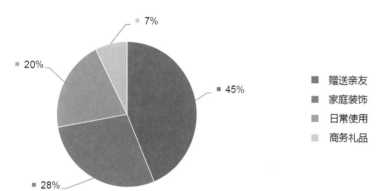

图 4—19　旅游者购买旅游纪念品的意图

赠送亲友
家庭装饰
日常使用
商务礼品

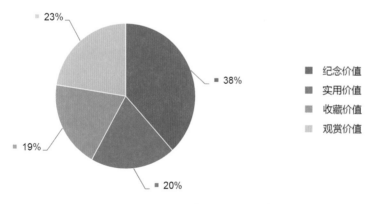

图 4—20　旅游纪念品的价值因素

纪念价值
实用价值
收藏价值
观赏价值

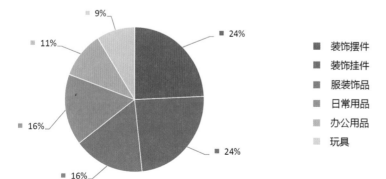

图 4—21　旅游者购买旅游纪念品的类型

装饰摆件
装饰挂件
服装饰品
日常用品
办公用品
玩具

对于旅游者购买旅游纪念品的意图方面，有45%的旅游者选择赠送亲友，其次有28%的旅游者选择家庭装饰，20%的旅游者选择日常使用，7%的旅游者选择商务礼品。其中，赠送亲友和家庭装饰都和日常生活有关，这部分占到了73%，这说明大部分旅游者购买旅游纪念品的原因来自生活需求。游玩过后，许多旅游者都会选择购买小礼物馈赠亲友，也会买一些用来装饰家居环境（图4-19）。

当问及旅游者购买旅游纪念品更在乎的是哪方面的价值时，38%的旅游者选择纪念价值，23%的旅游者选择观赏价值，20%的旅游者选择实用价值，19%旅游者选择收藏价值。其中，选择纪念价值的人数最多，其他几项比较平均。这说明对于旅游者来说，旅游纪念品的纪念价值是首要的，其次要兼顾实用、收藏和观赏价值。旅游者到一个地方旅游，更希望的是能够带走一些和旅游景点有关的产品，作为对这次旅游的纪念与回顾（图4-20）。

在回答会购买哪些类型的旅游纪念品时，选择装饰挂件和装饰摆件的旅游者各占24%，选择服装饰品和日常用品的旅游者各占16%，其次是办公用品和玩具。能够看到，选择装饰用品旅游者（装饰物）共占48%，是选择人数最多的一部分。服装饰品类旅游纪念品也可以起到装饰作用（装饰人）。这说明在旅游纪念品的消费方面，大部分旅游者更倾向于具有装饰价值与意义的旅游纪念品（图4-21）。

购买旅游纪念品时，旅游者都会考虑携带的问题。当问及旅游纪念品的尺寸时，旅游者回答的答案相对比较平均，选择较多的是能放在单肩包里的尺寸，占 26%；选择最少的是能放在口袋里的尺寸，占 14%。这个结论与提问者的初步判断并不一致。提问者本以为，大部分旅游者都会考虑便携性，选择小尺寸的会很多，但实际上，人们对这个问题并不过多考虑，所以甚至有 21% 的旅游者会选择不考虑这个因素（图 4-22）。

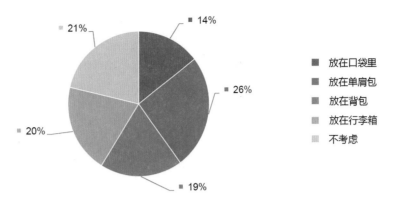

图 4-22　旅游纪念品的尺寸大小

当被问到更喜欢哪种方式设计的旅游纪念品时，36% 的旅游者选择传统手工产品，30% 的旅游者选择传统工艺与现代设计相结合的产品，22% 选择原生态产品，只有 12% 选择现代设计产品。这说明传统手工艺类产品仍有很大的市场，另外，用现代理念设计与传统工艺相结合的产品也比较受旅游者青睐，而现代设计的旅游纪念品并没有受到旅游者重视（图 4-23）。

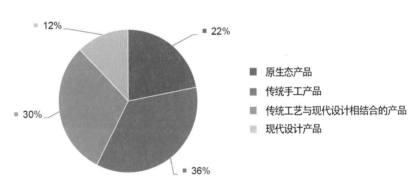

图 4-23　旅游纪念品的设计方式

在被问到旅游纪念品采用哪种方式体现苏州元素最能被认可时，34% 的旅游者选择工艺，23% 的旅游者选择造型，选择材质、色彩、寓意的也有一定比例。这说明来苏州旅游的旅游者对苏州传统手工艺印象深刻。此外，每部分都有一定的比例，也决定了在进行纪念品设计时，更应该综合运用苏州元素进行体现（图 4-24）。

现代设计的旅游纪念品在苏州旅游品市场的规模并不大，对于旅游者，他们期望这款产品的特点是什么样的呢？通过调查显示，34% 的旅游者认为纪念性最重要；28% 的旅游者在乎艺术性；实用性

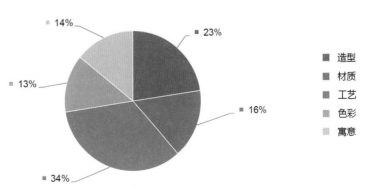

图 4-24　苏州元素的体现方式

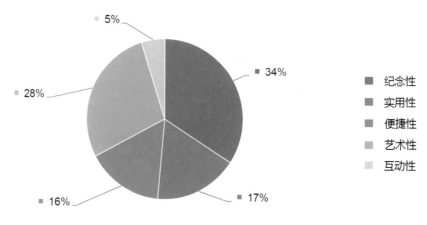

和便携性各占 17% 和 16%；只有 5% 的旅游者认为需要考虑互动性。这一点与前几项的调查结果类似，即强调纪念价值和艺术价值的占多数，相信这也是如今旅游者对旅游纪念品的认识。便携、实用、互动等新的旅游纪念品的设计理念，还不能被大部分旅游者接受，当然这也与市场上这类旅游纪念品缺乏有关（图 4-25）。

除了以上问题外，在最后一题设置了旅游者对现有旅游纪念品评价的题目。通过调查显示，反映问题最多的是价格太高、做工粗糙质量差、没有地方特色三项，分别占 25%、24%、23%；其次是实用性不强和不够美观，占 17% 和 11%。说明旅游者希望买到具有苏州特色、价格适中、做工精美、品质优良的旅游纪念品（图 4-26）。

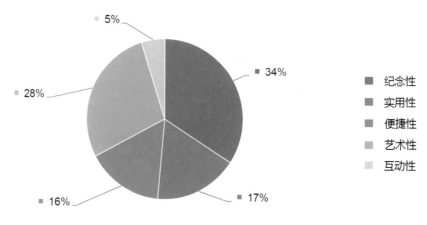

图 4-25　现代设计旅游纪念品的特点

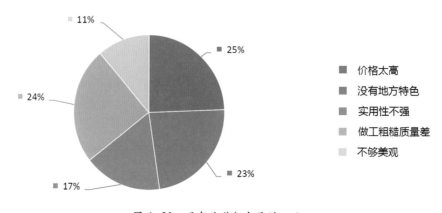

图 4-26　现有旅游纪念品的不足

（3）面向旅游者问卷调查的结论。根据问卷统计分析的结果，针对苏州旅游纪念品可以得到如下结论：

1）绝大部分旅游者在旅行中会考虑购买旅游纪念品，但要根据价格和喜好程度确定是否购买。

2）100元以内是旅游者最希望购买产品的价位。

3）多数旅游者选择购买旅游纪念品是为了馈赠亲友和装饰家居环境。

4）旅游者购买旅游纪念品最关注的是纪念价值，其次要兼顾实用、收藏和观赏价值。

5）旅游者不太在意旅游纪念品的尺寸，基本能放在随身携带的单肩包或背包中即可。

6）在旅游纪念品市场上，传统手工艺类产品，以及现代理念设计与传统工艺相结合的产品比较受旅游者青睐。

7）带有苏州元素的旅游纪念品最好能结合苏州传统手工艺，并综合造型、材质、色彩和寓意进行设计。

4.2.3　旅游者消费行为深度访谈与分析

针对重点旅游者的主观性深度访谈的主要目的是了解不同类型旅游者的生活背景、旅游习惯、生活态度、对旅游纪念品的观点等。重点旅游者的主观性深度访谈可以很好地弥补客观性问卷调查的不足之处，通过对重点旅游者的主观性深度访谈可以发现旅游者对旅游纪念品的消费行为与潜在需求。

1. 旅游者消费行为深度访谈设计

深度访谈主要问题涉及旅游者的背景信息，包括年龄、性别、家庭规模、职业、教育背景、月收入、来自地区、性格、爱好、平时生活状态等；来苏州旅游的相关信息，包括和谁一同出行、出行方式、来景点的动机、住宿情况、餐饮情况等；对旅游纪念品相关观点，包括购买旅游纪念品的要求、用途、苏州特色体现方式、对市场现有旅游纪念品的满意度等；对苏州的相关印象，包括去过哪些景点、喜好以及原因等；对旅游的观点，包括对旅游的喜好、出游频率、远近、预算、出行过程、对旅游的态度等。由于访谈时间较长，访问员和旅游者能较深入的沟通与互动，针对一定的主题能够开放式地进行交谈，这样可以发现许多研究人员之前无法意识到的观点和内容（图4-27）。深度访谈的时间限定在20分钟左右，在整个访谈过程中全程摄像或者录音，以便后续进行整理分析。

2. 旅游者消费行为深度访谈实施

此次深度访谈选定苏州标志性的6个旅游景点（拙政园、狮子林、留园、山塘街、寒山寺、平江路），每个景点选取两位旅游者作为调查对象，一共访谈12位旅游者（图4-28）。

3. 旅游者消费行为深度访谈整理分析

根据访谈的12位旅游者的素材进行整理（图4-29），将相关的调查原始记录提纲、访谈中采集的视频、照片和录音进行分类存放，并根据记录提纲和音频、视频整理分析相关旅游者对旅游纪念品的消费行为和需求（图4-30）。

苏州旅游纪念品消费行为调查访谈

访问地点：＿＿＿＿＿　　访问时间：＿＿＿＿＿　　访问员：＿＿＿＿＿
您好！
　　我们是来自苏州工艺美术职业技术学院的访问员，受苏州市委宣传部与苏州市哲学社会科学界联合会委托，我们正在进行《苏州旅游纪念品消费行为模型构建与需求分析》项目实施工作，希望能得到您的大力支持和协助。
　　　　　　　　　　　　　　　　　　　　　　　　　　　　　谢谢！

1. 旅游者背景信息（不留姓名！绝对保密！）
年龄：＿＿＿＿　　性别：＿＿＿＿　家庭规模：＿＿＿＿＿
职业：＿＿＿＿＿　　　　　　　教育背景：＿＿＿＿＿
月收入：＿＿＿＿＿　　　　　　来自地区：＿＿＿＿＿
性格：＿＿＿＿＿＿＿＿＿＿
爱好：＿＿＿＿＿＿＿＿＿＿
平时生活状态：＿＿＿＿＿＿＿＿＿＿＿＿＿

2. 来苏州旅游相关信息
和谁一起旅游（独自、和家人、和朋友、和同事等）
＿＿＿＿＿＿＿＿＿＿＿＿＿＿＿＿＿＿＿
出行方式（自驾游、公共交通等）＿＿＿＿＿＿＿
来景点的动机（专程、顺道、偶遇等）＿＿＿＿＿
住宿情况（青年旅馆、快捷酒店、星级酒店、借宿朋友等）＿＿＿＿
餐饮情况（一日三餐如何解决等）＿＿＿＿＿＿＿

3. 对旅游纪念品相关观点
如果购买旅游纪念品的话，大概的要求是什么？请进行描述（单价、类型、尺寸、设计方式等）＿＿＿＿＿＿＿
＿＿＿＿＿＿＿＿＿＿＿＿＿＿＿＿＿＿＿
＿＿＿＿＿＿＿＿＿＿＿＿＿＿＿＿＿＿＿

购买旅游纪念品做什么用？（赠友、装饰、使用、纪念、收藏）＿＿＿＿
＿＿＿＿＿＿＿＿＿＿＿＿＿＿＿＿＿＿＿
＿＿＿＿＿＿＿＿＿＿＿＿＿＿＿＿＿＿＿
＿＿＿＿＿＿＿＿＿＿＿＿＿＿＿＿＿＿＿

希望旅游纪念品如何体现苏州特色？（造型、色彩、材质、工艺、寓意，可以说得很具体）＿＿＿＿＿＿＿
＿＿＿＿＿＿＿＿＿＿＿＿＿＿＿＿＿＿＿
＿＿＿＿＿＿＿＿＿＿＿＿＿＿＿＿＿＿＿

对市场现有旅游纪念品有哪些不满的地方？（价格、特色、作用、美观等，可以说得很具体）＿＿＿＿＿
＿＿＿＿＿＿＿＿＿＿＿＿＿＿＿＿＿＿＿
＿＿＿＿＿＿＿＿＿＿＿＿＿＿＿＿＿＿＿
＿＿＿＿＿＿＿＿＿＿＿＿＿＿＿＿＿＿＿

4. 对苏州的相关印象
对苏州的印象（可以抽象描述，也可以具体描述）＿＿＿＿＿
＿＿＿＿＿＿＿＿＿＿＿＿＿＿＿＿＿＿＿
＿＿＿＿＿＿＿＿＿＿＿＿＿＿＿＿＿＿＿

到过哪些景点？喜欢哪些，不喜欢哪些？为什么？＿＿＿＿＿
＿＿＿＿＿＿＿＿＿＿＿＿＿＿＿＿＿＿＿
＿＿＿＿＿＿＿＿＿＿＿＿＿＿＿＿＿＿＿

5. 对旅游的观点
你喜欢旅游吗？一年出行多少次，一般去多远？去过哪些地方？预算多少？（城市周边、省内、国内、境外）＿＿＿＿＿
＿＿＿＿＿＿＿＿＿＿＿＿＿＿＿＿＿＿＿
＿＿＿＿＿＿＿＿＿＿＿＿＿＿＿＿＿＿＿

你通常的出行方式和出行过程是怎么样的？（可以进行描述）＿＿＿＿
＿＿＿＿＿＿＿＿＿＿＿＿＿＿＿＿＿＿＿
＿＿＿＿＿＿＿＿＿＿＿＿＿＿＿＿＿＿＿

旅游在你生活中的地位是什么样的？（可以进行描述）＿＿＿＿
＿＿＿＿＿＿＿＿＿＿＿＿＿＿＿＿＿＿＿
＿＿＿＿＿＿＿＿＿＿＿＿＿＿＿＿＿＿＿

图 4-27　苏州旅游纪念品消费行为深度访谈提纲

图 4-28　苏州旅游纪念品消费行为深度访谈实施

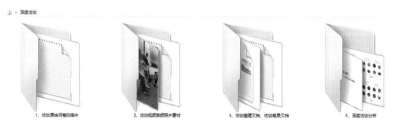

图 4-29　苏州旅游纪念品消费行为深度访谈资料整理

图 4-30　苏州旅游纪念品消费行为深度访谈分析

4.2.4　旅游纪念品开发原则与方向

1. 苏州特色旅游纪念品的开发原则

结合前期的问卷调查和深度访谈，作者将旅游纪念品的设计总结出以下 5 个原则：

（1）纪念性。纪念性是旅游纪念品的第一属性。旅行者到一个新的地方旅游，离开时都希望能购买一些小礼物唤起对美好旅行的回忆。旅游纪念品最重要的一点就是能够让旅游者看到它就想到当年旅行时的愉快经历。带有苏州地方特色的手工艺品、苏州历史文化人物、著名建筑景观等都可以起到这样的作用，总之要体现苏州的特色元素。

（2）艺术性。艺术性是旅游纪念品的重要特征。在苏州元素中，无论是私家园林还是市井小巷，无论是苏绣、苏裱还是珍珠、三雕，都能够体现其艺术价值。但这里要注意的是，若要使旅游纪念品的艺术性符合当代人的审美意识，需要设计者把握苏州元素艺术精髓与神韵重新演绎并将其运用在旅游纪念品的载体上。旅游纪念品本身虽具有艺术价值，但一个传统工艺品并不一定适合作为旅游纪念品。

（3）实用性。实用性是旅游纪念品的必要因素。现代旅游纪念品的设计理念特别强调旅游纪念品的实用性。一个具有实用价值的旅游纪念品会延长纪念品的使用寿命，强化旅游纪念品的纪念性与艺术性。现代旅游纪念品常以办公用品、生活用品、配饰挂饰、游戏玩具作为载体，将旅游特色元素与使用功能巧妙地结合起来，既能够体现当地特色，又具有使用价值，非常适合大众群体消费。

（4）互动性。互动性是旅游纪念品的特殊作用（图 4-31）。互动性的添加，能够让旅游纪念品更具有吸引力，提高产品销量。这里谈到的互动性，通俗的解释就是纪念品不要只是一个静态摆放的产品，而是能够让用户参与使用，比如，多种组合方式或多种用途；也可以是将历史文化信息用互动的方式传达给消费者，如互动玩具、交互游戏等。

（5）便携性。便携性是旅游纪念品的保证条件（图4-32）。旅游者旅行在外，轻便随行是最理想的状况。每个旅游者都不希望购买的旅游纪念品给自己的出行带来负担。小巧精致、重量轻、可插接或收缩的旅游纪念品更能够吸引旅游者的目光。此外，便携性还体现在物件的采购与运送的便捷上。

2．苏州特色旅游纪念品的开发方向

（1）基于苏州特色工艺，设计适合当代人审美与使用的旅游纪念品。苏州具有悠久的传统工艺历史，无论是苏绣、三雕（木雕、玉雕、核雕）、珍珠、苏裱还是苏作家具、桃花坞年画，在中国传统工艺美术历史上都可以写上浓重的一笔。在旅游纪念品市场上也有这些工艺品出现，但问题是有些作品过于昂贵，不适合作为旅游纪念品供大众消费。此外，在旅游品市场上还充斥着大量质低价廉的仿制工艺品，破坏了苏州工艺品的声誉。面对这样的现状，应该从两个方面着手改进：首先，对于那些适合作为旅游纪念品的传统工艺品，要设计合适的承载物，如精美的包装、方便的携带方式，并撰写相关工艺的历史文化介绍，将产品打造成非物质文化遗产的推介窗口；其次，对于那些不适合作为旅游纪念品的工艺品，可根据现代人的审美与使用习惯，选取工艺材料本身或者提取相关元素，并赋予一定的实用功能，设计打造适合旅行者购买、纪念、携带的产品（图4-33）。

（2）针对苏州知名景点量身定做具有文化内涵与使用价值的旅游纪念品。旅游者游览某个景点时，一定会对景点内的一些建筑、景观、历史、传说等产生浓厚的兴趣，在游览的最后一站会希望购买一些旅游纪念品来留存这些回忆。这就需要设计人员能够针对苏州知名景点量身定做具有文化内涵与使用价值的旅游纪念品，而这方面的产品恰恰是目前苏州旅游市场上最缺乏的。具体进行设计的方式有很多，比如，采用景点的著名景观或建筑，设计成具有一定实用价值的产品；比如，一些办公用品、家居生活用品（图4-34）；或者根据景点的历史或者民间传说，设计成故事绘本，或者根据建筑典型造型方式延伸出图形纹样并将其装饰在箱包、围巾、织物等物品上。

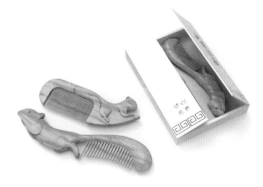

图4-31　寒山寺游戏拼图手机壳设计　　　　图4-32　留园松鼠双戏木梳设计

（3）深度挖掘苏州文化资源，以主题设计引导旅游纪念品设计。苏州文化资源悠久而深远，除了可以从传统工艺和具体景点考虑并开发产品，也可以主题方式系统开发旅游纪念品。比如，不进行特别限定，从苏州园林、江南水乡、苏州名人、姑苏美食等概念出发进行设计（图4-35）。这样设计的产品不一定有明确的景点指向，但具有浓郁的苏州特色，适合在苏州各个旅游景点使用，具有更加广泛的应用性。

（4）根据不同消费人群的差异化进行苏州旅游纪念品开发。根据不同消费人群进行差异化的旅游纪念品开发非常重要，在进行苏州旅游市场调查中，作者发现绝大部分的旅游纪念品并没有明显消费层次的差异化划分。差异化可以是多种标准，如年龄、性别、收入、职业等。针对不同人群进行差异化的开发，能够更好地为特定人群设计产品，满足他们的需要，也能够通过多层次产品的推出，覆盖整个旅游者人群（图4-36）。在这里特别要提到两类人群产品的开发，一类是儿童旅游纪念品的开发，一类是二十几岁青年人群旅游纪念品的开发。儿童群体旅游纪念品的消费实际上是带动了父母群体的消费，这里产品的开发强调的是寓教于乐，可以根据苏州的典型元素设计成绘本、纸板书、游戏拼图、插接玩具等，在游戏的同时还能够带给孩子们知识。另一类是二十几岁的年轻群体，这类群体可能是大学生、单身青年或者结婚不久没有孩子的群体，他们对旅游的需求很旺盛，在抽样调查中也发现了这个现象，这类人群的消费特点是喜欢新奇、好玩的事物，有现代时尚气息，有一定实用功能并且价格适中的旅游纪念品。

（5）将品牌整合设计思想贯穿到苏州旅游纪念品设计开发中。将苏州旅游纪念品按照品牌整合设计思想进行设计，是指不要将设计局限在旅游纪念品设计本身，而是要扩展到相应的包装设计、标志设计、展台设计、店面设计等方面，包括产品推广的广告、海报和展示。按照品牌整合的方式进行产品设计，能够提高旅游纪念品的品牌认知度与辨识度，提升苏州旅游纪念品的整体品位，增加附加值。

图4-33 五福祝寿杯垫设计

图4-34 太湖三白主题餐具设计

图4-35 太湖水八仙系列餐具设计

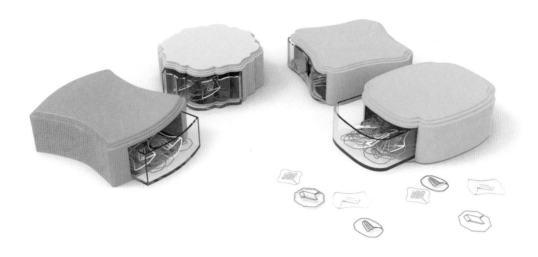

图 4-36 花窗回形针设计

4.2.5 设计方案主题研究与概念确定

1. 主题方向确定

结合前期设计研究所确定的苏州特色旅游纪念品的开发原则和方向，深度挖掘苏州文化资源，以主题设计引导，并根据不同消费人群的差异化进行苏州旅游纪念品开发。通过对苏式生活衣、食、住、行四个方面的一系列分析，选定从住这一传统建筑方面出发进行设计，根据苏式传统建筑粉墙黛瓦的色彩印象作为设计点，以"灰与白"作为设计的主题（图 4-37）。

2. 主题研究与定位

确定了主题之后，就要对"灰与白"这个主题进行分析，项目组从苏州的古巷和园林出发，从中提取颜色并分析，选取最适合的灰色和白色的 RGB 值，然后对其进行灰与白的比例分析，确定适合苏州的传统建筑配色方式（图 4-38 和图 4-39）。

通过研究，设计人员准备采用"灰与白"的色彩搭配，从苏州建筑中提取简洁的几何元素，做一组具有收纳功能的产品，或者把一些常见的桌面办公用品模块化，以达到节省空间、保持桌面整洁的目的（图 4-40）。

图 4-37 设计主题确定——"灰与白"

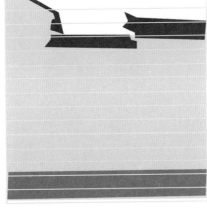

从用户研究出发进行创意设计——旅游纪念品设计（设计实现）

　　R：204 G：204 B：204

所占比例依次是 14：2：1

　　R：95 G：95 B：95

R：37 G：35 B：43

R：219　G：222　B：213

R：28　G：35　B：29

分析：下雨的苏州，感觉湿哒哒的，在雨中的这些颜色，感觉很"新"。

图4-38　实地考察建筑并提取配色

最终确定的配色
两种颜色的RGB值与比例关系

　　R: 219 G: 222 B: 213

　　R: 28 G: 35 B: 29

所占比例依次是 7：2

图4-39　确定配色关系

图 4-40　意向图制作

3．设计概念确认

根据设计定位进行概念设计草图绘制，从建筑房檐的造型角度出发，思考如何与实用性的桌面办公用品实现造型和功能上的统一（图 4-41）。

将设计概念不断深化，最后得出两套桌面办公用品的设计方案（图 4-42 和图 4-43）。

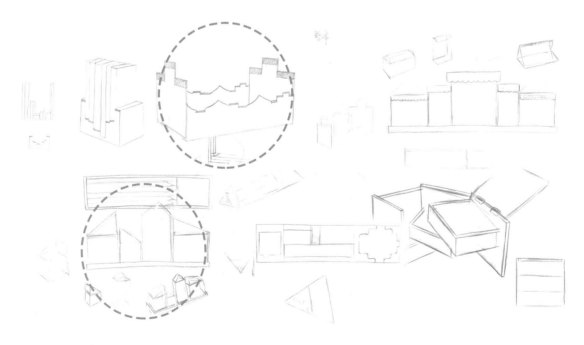

图 4-41　手绘概念设计草图

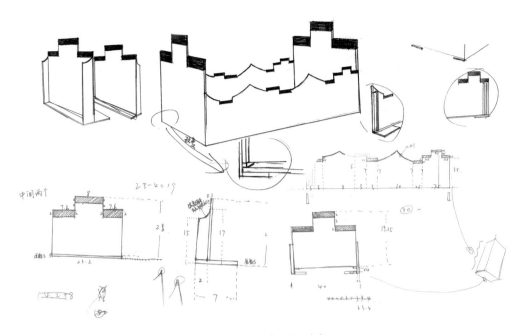

图 4-42　创意方案（1）

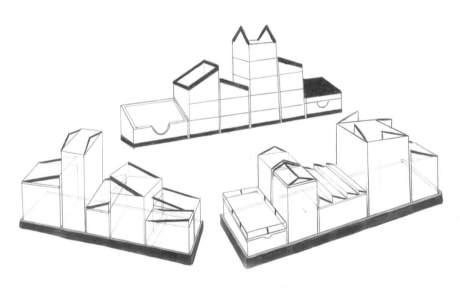

图 4-43　创意方案（2）

4.2.6　设计作品的呈现与展示

设计说明：这组具有收纳功能的桌面办公用品，借助了苏州传统居民建筑屋檐的特点，采用了苏式建筑"灰与白"的搭配，起到了桌面收纳的作用，很好地解决了桌面不整洁的问题。图 4-44 中，左边的产品一可以根据个人使用要求随机组合出不同的造型，这样的形式更增加了产品的趣味性与适用性；右边的产品二根据插接原理设计桌面书架，让产品更加方便适用。两个滑动书立，可以根据书本的数量调整产品的位置，若将其拿出，可变成单独的小书立，与大书架形成呼应关系（图 4-44～图 4-48）。

图 4—44　灰白印象办公用品系列设计

图 4—45　产品一单体图

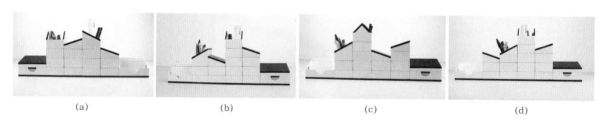

　　（a）　　　　　　　　　（b）　　　　　　　　　（c）　　　　　　　　　（d）

图 4—46　产品一组合方式

（a）组合一；（b）组合二；（c）组合三；（d）组合四

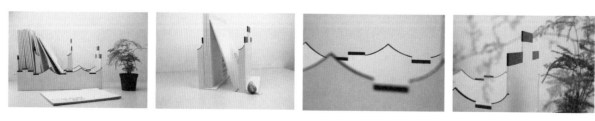

图 4—47　产品二多角度图

第一步：将书架的底面与侧面拼接　　第二步：将剩下的另一个侧面也与底面拼接　　第三步：拼接好后呈现效果　　第四步：将另两块与侧面和底面整体插接　　第五步：将最后两个立体书架放入，即可完成

图 4—48　产品二拼接步骤

<table>
<tr><td>**4.3**</td><td>**关键点描述**</td></tr>
</table>

4.3.1　问卷调查

1. 问卷调查的必要性

问卷调查是产品设计调查中最常见，也是使用面最广的一种。问卷调查是以书面形式向被调查者提出问题，并要求被调查者以书面或口头形式回答问题，从而进行资料搜集的一种方法，它可以在较大的空间范围内同时对众多的被测试者使用，能在较短的时间内搜集到大量的数据。无论用于新产品开发设计还是现有产品的改良设计，问卷调查都是产品设计当中常用的方式。它可以在较短的时间，在一定范围进行大量的数据搜集，通过分析整理出的客观数据对产品设计起到指导性作用。

如何设计有效调查问卷并将结果运用于设计

2. 问卷调查的流程与注意事项

本节内容是对产品设计问卷调查过程中需要注意的事项进行阐述，对于常见问题提出行之有效的对策，使设计调查能够更有效地指导设计实践。

（1）总体设计——设计调查与市场调查的区别。产品设计问卷调查工作的开始是进行总体设计工作，所谓总体设计就是指对问卷调查所对应的目的、方法、对象、内容、作用等做一个整体的梳理和规划。这一部分完成的质量往往会影响设计调查的最终效果。在进行设计调查时，许多设计人员往往混淆了设计调查和市场调查的不同，在总体设计上将设计调查变成了市场调查。事实上，设计调查与市场调查是完全不同的两种调查方式。

课件：设计关键点｜如何设计有效调查问卷并将结果运用于设计

首先，市场调查是调查市场上已经有的产品，而设计调查是为了策划设计新产品而进行的调查，新产品在市场上不存在，所以无法在市场上进行调查。

其次，市场调查的对象是消费者，他们的购买目的是消费，因此要了解他们的购买动机。而设计调查的对象是用户，调查的重点是他们的使用动机、使用过程、使用结果、产品的学习过程与操作是否会出错，以及如何纠正等问题。

另外，设计调查的内容包括设计特征、产品可用性、使用过程、设计审美、生活方式、价值期待与观念、文化与传统等，这与市场调查关注的与消费者相关的消费、营销推广有所不同。

最后，市场调查的基本作用是维持和开拓市场，而设计调查的作用是调查未来的市场上不存在的产品，这是市场调查不可能做到的。设计调查可以通过设计人员的研究，代表用户来思考需求方面的问题，并通过一系列可用性测试标准和方法来完成任务，这是其他方法无法做到的。

（2）调查问卷的设计——如何将前期探讨植入到调查问卷当中。产品设计调查问卷多用于设计调查的开始阶段。设计师这个时候根据已有资料初步确定了设计目标和设计方向，但由于设计师思考确定的内容受到自身阅历、经验、能力的局限，能否客观地反映用户的需求、使用方式、审美等问题，还需要进一步探讨与测试。调查问卷的设计，主要目的就是将初步确定的设计目标和设计方向植入到调查问卷当中。

植入调查问卷最重要的原则就是将设计方向转换成题干，将具体的设计目标转换成选项。例如，在进行户外烧烤用具设计之前，考虑到烧烤用具的手柄设计成木质的比较好，既能够满足隔热的需要，手握感觉也舒适。但大部分用户使用的感受却不一定和设计师的想法相符，所以需要设计一个问题来考察一下结果。将烧烤用具手柄设计的材质选择作为题干，将木材和其他三个常见的手柄材质：塑料、橡胶、金属作为选项，并加上一个开放的选项"其他＿＿＿"。此问卷题目如下所示：

您认为户外烧烤用具的手柄用什么材料制作最合适？（　　　）

A. 木材　　　B. 塑料　　　C. 橡胶　　　D. 金属　　　E. 其他＿＿＿

由此，在后续调查时便可得知木材在用户心目中的选择，从而为后续设计提供指导性的意见。

（3）问卷调查的实施——如何得到可靠的数据。通过合理的设置，将设计方向与目标植入问卷中，接下来的工作就是进行问卷调查的实施。得到可靠的数据是调查实施的关键（图4-49）。

想要得到可靠的数据，首先需要找准调查的目标群体。我们要找的目标群体为产品的直接使用者，可以到商品的使用地点进行调查。如果是家用产品，可以采用入户调查的方式，即直接登门拜访，到使用者家中进行调查；如果是商用产品，可以到相应的公司、企业进行调查。此外，也可以到所调查产品的购买地进行调查，即到购买此商品的卖场或超市。

图4-49　问卷调查的实施

无论在何种地点进行调查，选择调查对象时，一定要征得对方同意，并保证对方在平和、放松的情绪下进行回答。因为只有在这样的心态下，对方才能够客观、准确地完成问卷调查题目。比如，在商场或超市进行调查，最好选择购物结束的消费者，或者选择正在休息中的消费者。

（4）设计问卷的统计与分析——如何根据数据分析出有用结果。调查问卷的统计与分析是问卷调查的重要内容，也关系到问卷调查的成败（图4-50）。在调查问卷的统计环节常用的统计软件有 SPSS、SAS 等，此处不做过多叙述，但数据得出以后的分析环节，是另一个需要探讨的话题。

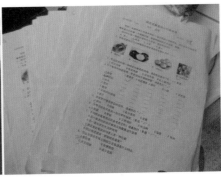

图 4-50　问卷统计与分析

问卷调查的数据统计之后，对相同的数据，不同的设计师会得到不同的分析结果。例如，上面提到过的一个例子：

您认为户外烧烤用具的手柄以什么材料制作最合适？（　　　）

A. 木材　　　B. 塑料　　　C. 橡胶　　　D. 金属　　　E. 其他 _____

在调查前的问卷设计时，我们期待的答案是 A（木材），但如果在问卷调查时得到最多的答案为 B（塑料）时，我们可以从不同的角度看待这个答案。可以认为选择塑料作为烧烤用具手柄是我们以后的一个设计方向，也可以认为大部分人选择塑料作为手柄，恰恰说明木材这种被人忽视的材料有更大的用武之地，能够填补之前设计的一个盲区。

通过这个例子我们能够认识到，对于客观的调查问卷得到的客观数据，还需要设计师发现其中蕴含的价值，不同的人能够得出不同的结果，这就更需要设计人员对其进行认真分析，从设计角度看待，从而得到可行的结论。

（5）调查总结——如何得到有效的设计方向。设计最终的调查总结，是将每项数据分析结论与设计调查开始时的设计方向与目标进行对照。通过这样的工作把设计人员先前的设计考量与调查得出的用户需要进行对接，从而得出有效的设计方向指导设计实践。

通常这样的对照会有三种结果：一是分析结论与前期设定相符，这样就验证了前期设定的可行性，可以放心地进行后续的设计进程；二是分析结论与前期设定部分不符，这样需要对设计方向和目标进行修订，以保证设计进展的有效性；三是分析结论与前期设定大部分不符，许多结论都相左，如果出现这种情况，有

可能是设计调查过程有误，必要时应重新进行调查，也有可能是前期设定不合理，必要时需要果断终止设计进程，重新进行设计设定。

图 4-51　用户访谈前的讨论

实地研究调查手册
Field Research Guide

苏州工艺美术职业技术学院
Suzhou Art & Design Technology Institute
沛舞阳 Wuyang Pei
李程 Cheng Li

前期准备

列出能够参与调查的可能人选。
筛选需要参与用户调查的人选，根据设计目标和实际情况，选择最合适的、能够提供最有价值的信息的参与者。

条件限制可从这几个方面考虑：
资金 Budget
时间 Time
地点 Location
家庭状况 Background information
用户参与的积极性 Availability
是否方便联系和沟通 Communication
是否有可能与其进行后续调查 Follow up
受访者对隐私的要求 Desire For Privacy

*尽量选择不甚熟悉的参与者进行访问。
*如果受访者已婚，尽量保证夫妻都在场，如有困难，至少保证经常做饭下厨房的一方在场。
*事先与被访者沟通了解其忌讳与意愿，以便事先做好准备。

目的和目标

*了解有哪些工具用户正在生活中使用。
*了解用户对工具的不满与期望。
*发现现有工具中可能存在的问题。
*尽力与用户充分沟通，带着整个厨房体验系统的视角去发掘新的设计点，而不仅仅是工具本身。
*以用户需求为出发点，关注潜在未被注意或忽视的问题和设计点。

图 4-52　用户访谈方案制订

4.3.2　深度访谈

1. 深度访谈的必要性

深度访谈是由设计师与被调查者进行较长时间的、详细的、非结构式的会谈。深度访谈能够帮助设计师更好地理解用户对于产品的需求和消费行为。虽然问卷调查也可以采用面对面的方式进行，但深度访谈的题目不是结构化的标准问卷和备选答案，而一般采用访谈提纲，大部分是开放式的问题。深度访谈和问卷调查相比，最大的优点是通过与被访谈者的沟通，更容易了解用户对一个事物的真实想法，甚至通过被访谈者的语言、表情、肢体动作还可以推测出他的潜在需求与态度。

在实际的用户研究中，问卷调查和深度访谈往往是相互结合使用的。这两种方法，一个是结构式调查，另一个是非结构式调查；一个可以短时间大量搜集调查数据，另一个需要相对较长的时间深入研究少量被调查者；一个对实施者要求不高，另一个对实施者有较高的能力要求。因此，通过两种方法的结合使用，更容易发现设计中的问题和用户的需求。

2. 深度访谈的流程与注意事项

（1）制定深夜访谈的提纲和实施方案。访谈前要准备好深度访谈的提纲，并对访谈计划、访谈时的人员分工、设备使用等做好规划和安排。一般来说，访谈问题要涵盖所要研究的内容，但不宜超过 10 个。因为深度访谈对访谈者设计研究与沟通能力要求比较高，所以要提前分析清楚每个题目的含义和要求，做好模拟访谈测试工作（图 4-51 和图 4-52）。

（2）邀请合适的采访对象。一般来说，根据项目要求，可以选择 3 ～ 8 名被访谈者。为了保证访谈结论的客观性，选择的被访谈者要求是与访谈者不熟悉的人。访谈者应事先与采访对象沟通好采访的内容、目的和要求，避免出现由于不确定因素无法完成采访的情况。

（3）实施访谈。一般来说，访谈整个实施过程分成介绍、暖场、一般问题、深入问题、回顾与总结、结束语和感谢几个部分（图4-53）。介绍部分需要访谈者进行自我介绍，并对此次访谈的目的、内容和时间进行说明，一般来说，深度访谈不宜超过1个小时。暖场部分就是访谈者和被访谈者聊一些轻松的话题，以拉近距离，减少紧张感。进入正题后，访谈者应先问一些容易回答的问题，再循序渐进问一些深入的问题。如果访谈提纲分成几个部分，在每个部分结束的时候访谈者都要做一个回顾和总结，看一下是否有遗漏。最后用结束语和感谢语收尾。

（4）整理访谈内容。在访谈过程中，访谈者应一边提问题，一边做好全程录音、录像和笔记工作。根据项目的情况，可以一个人兼顾，也可以由2～3人分工完成。访谈结束后，应做好素材整理工作，以便于后续的研究分析和使用（图4-54）。

设计调查深度访谈该
怎么"撩"（聊）

课件：设计关键点 |
设计调查深度访谈该
怎么"撩"（聊）

图 4-53 深度访谈实施

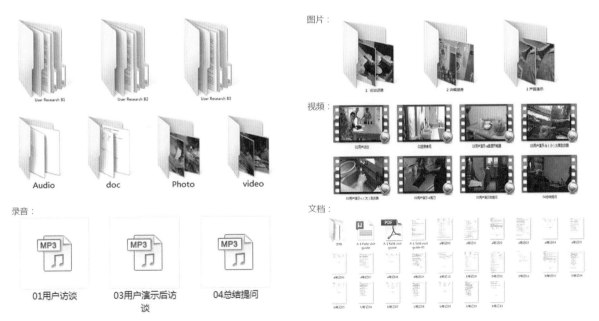

图 4-54 深度访谈素材整理

4.4　案例拓展

4.4.1　花窗主题笔筒设计

1．主题方向定位

结合前期设计研究所确定的苏州特色旅游纪念品的开发原则和方向，准备以苏州园林为主题，以园林花窗为造型元素设计一款针对上班族的年轻人群的办公笔筒（图4-55）。

2．设计概念确认

根据设计定位进行概念设计草图的绘制，运用花窗的设计元素设计一款可以插接组合的笔筒，通过对花窗中"琴""棋""书""画"元素的运用，实现造型和功能上的统一（图4-56）。

花窗主题笔筒设计
过程展示

课件：案例拓展｜
花窗主题笔筒设计
过程展示

图 4-55　花窗元素调研

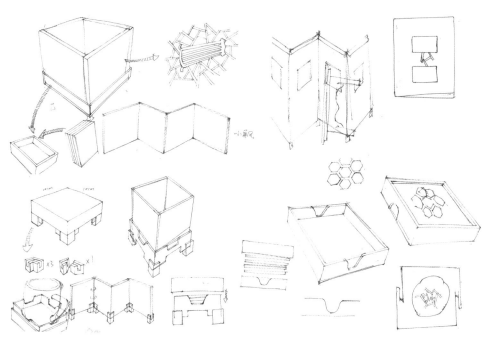

图 4-56　花窗插接笔筒设计草图

3. 设计作品的展示

设计说明："江南园林甲天下，苏州园林甲江南。"以苏州园林花窗展现苏州特色，以狮子林著名的四扇窗"琴""棋""书""画"为元素设计一款办公用品笔筒。"四艺"围窗汲取苏州园林特色，塑造出飘逸、典雅的气质，体现了苏州园林的韵味，融入了对人生的领悟，让喧嚣的生活回归宁静的本质。在整个产品设计中，独特、便携、实用的特征使其更具有纪念意义（图4-57）。

图 4-57　花窗插接笔筒设计

4.4.2　水乡主题茶具设计

1. 主题方向定位

结合前期设计研究所确定的苏州特色旅游纪念品的开发原则和方向，准备以苏州水乡古镇为主题，运用"小桥、流水、船上"的意境设计一款针对青年群体的创意茶具（图4-58）。

水乡主题茶具设计
过程展示

课件：案例拓展 | 水乡主题茶具设计
过程展示

图 4-58　苏州水乡古镇调研

2．设计概念确认

根据设计定位进行概念设计草图的绘制，运用苏州水乡古镇"小桥、流水、船上"的意境进行设计概念草图的创意（图4-59）。

3．设计作品的展示

设计说明：本套茶具以苏州水乡古镇为设计灵感，茶壶造型来源于古镇的有篷小船；三个茶杯可以拼在一起形成船的形状；茶盘造型灵感来源于河道，同时把桥的造型运用到茶盘把手上（图4-60～图4-63）。

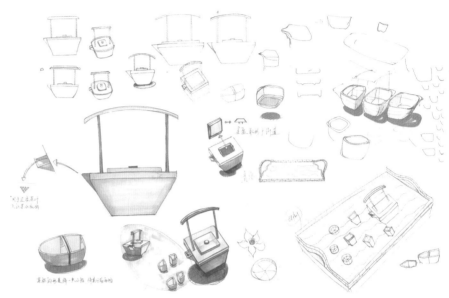

图 4-59　水乡主题茶具设计草图

图 4-60　水乡主题茶具设计

图 4-61　茶杯设计创意演绎（1）

图 4-62　茶壶设计创意演绎（2）

图 4-63　茶盘设计创意演绎（3）

第 **S** 章 | **从硬件与软件结合出发进行整合创新设计——智能硬件设计**

5.1 学习目标与流程

5.1.1 项目介绍

本章所涉及的产品创新设计不同于之前几章的内容，最大的变化在于项目开始并没有明确的目的和指向，而是要从消费市场、用户体验和现有技术出发，通过资源整合来发现一个新的目标产品。其设计的难点和重点并非在于项目实施本身，而是在于如何发现细分市场需求，并提出合理的解决问题的方案。

本章谈到的智能硬件设计就是这样一个整合创新产品的设计案例（图5-1），项目最初的想法是运用智能硬件技术进行家庭生活创新产品的开发。通过主题头脑风暴和市场调研，将智能培植花盆作为设计主题。

从硬件与软件结合出发进行整合创新设计——智能硬件设计（用户研究）

课件：案例解析｜从硬件与软件结合出发进行整合创新设计——智能硬件设计

图 5-1 智能硬件创新设计方案——智能培植花盆

本项目首先运用用户研究方法确定典型人物角色，锁定目标用户与需求，然后结合市场现有产品和可行性技术解决方案进行产品硬件和交互方案的设计。最后通过手板模型验证设计创新，并提出系统的产品解决方案（图5-2）。作为本书最后一个实例，作者希望通过本案例的讲解，使读者能将之前学习的技术、流程与方法融会贯通，学会系统地思考设计问题，并能够提出创新性的解决方案。

5.1.2　学习目标

（1）了解产品创新设计的基本流程与方法。

（2）熟练运用市场产品调查分析的方法。

（3）理解用户研究的系统方法。

（4）能够基于用户研究数据进行人物角色的设定。

（5）熟练掌握产品造型设计的技术与方法。

（6）了解交互界面设计的基本流程与方法。

（7）综合运用草模和手板模型进行设计方案验证。

（8）能够根据项目要求选择合适的设计流程和方法进行设计。

5.1.3　设计流程

智能硬件设计流程如图5-2所示。

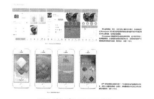

设计方向确认　　　　用户研究与　　　　同类产品及技
　　　　　　　　　　人物角色设定　　　　术可行性分析

设计作品的　　　　　手板模型制作　　　　产品硬件与
呈现与展示　　　　　　　　　　　　　　交互方案实现

图5-2　智能硬件设计流程

5.2 案例解析

5.2.1 设计方向确认

1. 概念主题理解

本项目的目标是运用智能硬件技术进行家庭生活创新产品的开发，使智能产品能更好地帮助人们享受生活，令人与产品之间产生互动，改变之前单向使用产品的体验，减少繁复的步骤，建立产品与人的沟通桥梁。智能产品不仅丰富了人们的生活，给人们的生活带来乐趣，还可使生活中的产品成为人们的"朋友"。项目组将本次设计的关键词确定为智能、互动、有趣、感动。

结合主题关键词，项目组通过网络搜集相关的设计作品，加深对设计方向的理解（图5-3）。

图5-3　主题资料搜集

2. 概念主题头脑风暴

对主题有了一定的认识后，项目组组织成员决定一起进行头脑风暴，促使思维得到碰撞。头脑风暴可以使设计者打破常规的思维方式，敞开思路，自由交流，通过高度活跃的思维产生创造性的想法（图5-4）。

通过头脑风暴，项目小组成员发现多数人在沟通、人群、生活几个部分的思考比较多。其中，年轻人种植植物易死亡的问题引起团队成员的关注，于是项目组成员将产品设计做了如下定位（图5-5）：

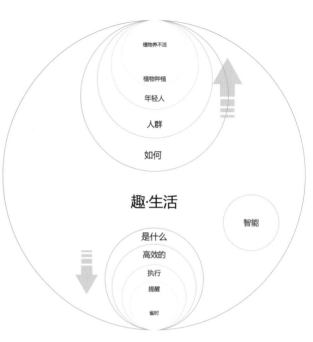

图 5-4　头脑风暴会议　　　　　　　　图 5-5　设计方向确定

（1）问题导入：现在很多年轻人爱好种植植物，可是在养殖过程中很容易导致植物死亡。导致植物死亡有很多原因，如养殖方法不正确、忘记浇水或晒太阳等。

（2）解决方案：通过运用智能硬件技术，设计一款可以帮助人们养殖植物的产品。

（3）定位人群："边缘种植者"人群，即 25～35 岁之间的白领年轻人，对新鲜事物保持着开放的态度，比较喜欢尝试一些新鲜的事物，对生活品质要求较高，想种植一些植物来丰富自己的生活。但有时忙于工作，疏于对植物的照料。

3. 设计方向市场调研

调研地点挑选：结合定位人群常去的消费场所和产品聚集地，项目组选择大型超市、购物中心和花鸟鱼市场作为调研地点（图 5-6）。调研组成员针对专业植物养殖人进行采访，并与购买者进行交谈。同时要观察用户的消费需求、消费习惯以及对培植产品的采购情况。主要调研的问题有以下四个方面：

（1）了解目标用户会选择种植什么植物。

（2）了解目标用户对于植物的选择会考虑哪些方面的因素。

（3）了解目标用户在进行植物种植过程中出现植物死亡或者植物种不好现象的原因。

（4）了解目标用户种植植物的原因有哪些。

通过调研显示，植物培植工具中，比较多的人会使用喷壶、小铲子、花盆，也有的人会选择培植用的土壤，因为可以帮助植物更换土壤，使植物可以获得很好的肥料供给。在植物种类的挑选上，大多数的年轻人比较喜欢观叶类植物和观花类植物，在进行这些植物的挑选时，年轻人看好品种后，会考虑植物是否方便养殖。在年轻人中，大多数女性会选择多肉植物进行种植，主要是因为多肉植物体积小、种类多、颜色鲜艳、装饰性强并对室内空气净化有帮助。植物养不活的原因主要是不知道植物的培植方法、忘记打理或者没有时间打理等（图5-7）。

将调研的结果进行整理：

（1）植物培植工具中，比较多的人会使用喷壶、小铲子、花盆，也有的人会选择培植用的土壤，因为可以帮助植物更换土壤，使植物可以获得很好的肥料供给。

（2）在植物种类的挑选上，大多数的年轻人比较喜欢观叶类植物和观花类植物，在进行这些植物的挑选时，年轻人看好品种后，会考虑植物是否方便养殖。

（3）在年轻人中，大多数女性会选择多肉植物进行种植，主要是因为多肉植物体积小、种类多、颜色鲜艳、装饰性强并对室内空气净化有帮助。

（4）植物养不活的原因主要是不知道植物的培植方法、忘记打理或者没有时间打理等（图5-7）。

图 5-6　植物市场调研

图 5-7　种植植物和植物养不活的原因

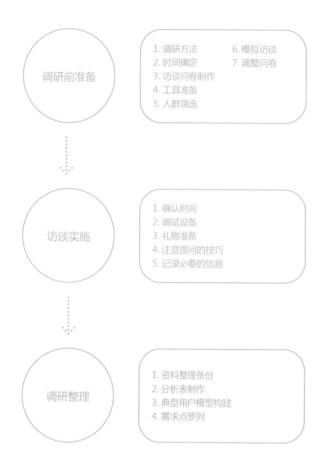

调研前准备

1. 调研方法   6. 模拟访谈
2. 时间确定   7. 调整问卷
3. 访谈问卷制作
4. 工具准备
5. 人群筛选

访谈实施

1. 确认时间
2. 调试设备
3. 礼物准备
4. 注意提问的技巧
5. 记录必要的信息

调研整理

1. 资料整理备份
2. 分析表制作
3. 典型用户模型构建
4. 需求点罗列

图 5-8　用户访谈实施流程

图 5-9　模拟访谈

5.2.2　用户研究与人物角色设定

1. 研究方法选择

在植物养殖的市场调研中，项目组发现年轻女性比较喜欢种植多肉植物，通过研究，将产品定位为 25 ～ 35 岁之间种植多肉植物的年轻女性。确定了调研人群和植物后，项目组采用深度访谈法，通过对几个典型用户的访谈分析，得出该类用户群体的产品需求（图 5-8）。

2. 用户访谈准备

（1）访谈提纲设计。在进行访谈前首先要进行访谈提纲的制作，通过访谈提纲可以帮助访谈者整理访谈思路，防止在访谈过程中出现遗漏，也便于在进行入户访谈时进行必要的记录。访谈提纲的设计要围绕以下三个部分进行：

1）完成对受访者的信息采集，了解受访者的基本情况，以便后期对该类用户进行研究时提供参考，主要了解年龄、职业、生活水平、种植多肉的时间等一些基本问题。

2）进一步了解受访者种植多肉植物的情况，包括种植过程中遇到的一些问题以及造成这些问题的原因，慢慢将用户引导到对于一件智能产品的需求上，了解用户对于智能化植物养殖产品可能的需求。

3）参观受访者家中多肉植物的种植环境，了解多肉植物的种植情况，在参观的过程中若发现一些问题可及时进行提问，拓展思路。

（2）模拟访谈。在完成提纲初稿后，寻找与目标用户群相似的用户进行模拟访谈，测试访谈内容、时间、访谈小组协同工作等方面的准备情况（图 5-9）。

（3）完善访谈提纲。在模拟访谈结束后，项目组进行工作情况评估并对访谈过程进行优化，完成最终访谈提纲的修订（表 5-1）。

（4）受访者筛选。找到合适的被访者是访谈能否有效实施的关键因素，本次调研共选择 5 位被访谈者，年龄控制在设计定位目标人群范围之内，并尽量做到覆盖这个年龄段的相关职业和生活类型。

表 5-1 用户访谈提纲定稿

访谈记录表

目标与目的

*了解用户在种植植物方面存在的问题。

*了解用户对智能植物养殖工具的需要。

*了解现有用户情感需求。

*与用户充分沟通，带着整个植物种植体验系统的视角去发掘新的设计点，而不仅仅是问题本身。

*以用户需求为出发点，关注潜在未被注意或忽视的问题和设计点，（例如：用户是否有某种需求却未被发现？之后可以发展成为新产品或新功能）

分工：2人
一人负责录音+笔记记录+拍照（必要时拍摄视频）
一人负责提问+笔记记录

材料与设备

照相机（可用手机代替）
在用户演示时录制视频
录音装置

要保证录音清晰度
确保器材有足够电量和储存空间
照片清晰度保证在500万像素以上
视频清晰度720P 左右最佳

开场介绍：

设计课题介绍

每一个组员及分工介绍

注意明确智能养殖工具以及培植工具的定义，避免局限受访者的思考空间。

明确告知被访者采访过程中需要拍照，录音，并保证会保密保管。满足用户所提出的隐私要求。

适度寒暄，尽量避免使被访者感到尴尬或不适导致影响访谈质量

其他说明：

整个过程控制在10~15 min之间，尽量减少对受访人员的影响

称谓（或编号）：	调查员：
年龄：	访谈时间：
性别：	开始：
职业：	结束：
家庭人口：	访谈地点：

访谈问题：	备注/ideas/思路整理
1. 您的工作量如何，需不需要经常出差？	
2. 您种植多肉植物有多长时间了？	
3. 您是因为什么原因开始种植多肉植物的？	
4. 种植多肉植物给您的生活带来哪些改变？	
5. 您是如何学会多肉植物的种植方法的？	
6. 您多久打理一次多肉植物，时间是如何掌控的？每次花费多久打理多肉植物？主要内容？	
7. 在种植多肉植物中是否碰到过植物死亡或枯萎的情况？造成这样情况的原因是什么？	
8. 您家里的多肉植物养得怎样？健康不健康？还差点什么？	

访谈问题：	备注/ideas/思路整理
9. 如果您外出，您是如何安置您的植物的？	
10. 除了养殖植物，您还会对植物做什么，发照片？搭配？送人？买更多？了解专业知识？等等。	
11. 您在购买多肉植物的培植工具，会考虑到哪些方面？	
12. 您会将植物带到公司吗？它会给你带来什么？	
13. 您在养殖多肉的过程中，有哪些趣事可以和我们分享一下？	
14. 您是如何关注您植物的成长的？	
15. 如果有这样一款智能产品，能够帮助您照顾多肉植物，您希望它是怎样的？您希望这样的智能产品有什么样的功能？	
16. 您有关于养殖多肉植物的技巧可以与我们分享？	

植物种植环境观察

1.先征求主人允许，请主人介绍植物种植环境，有疑问可以提出，注意记录。

2.在允许的情况下，拍摄植物种植环境的照片，照片需尽量包含所有环境细节。照片需能够模拟出植物种植环境的细节。

3．用户访谈实施

根据访谈提纲和确定的访谈对象进行用户访谈实施（图5-10和图5-11）。

4．用户访谈整理与人物角色确定

访谈结束后，项目组将收集的图片、声音、文字等信息进行整理和归纳。将相关信息进行对比分析，寻找目标用户群的特点，建立典型用户角色模型（图5-12和图5-13）。

第一户是一位行政工作人员，种植多肉已经有一年的时间了，家中种植的多肉的数量不多，种类也比较少。平时除了工作，闲暇时间也比较充足。

第二户是一位比较繁忙的设计师，每天除了工作，自己的时间比较少，但还是养着几株多肉植物，在没什么想法时回家会去摆弄一下，放松下心情。没有多少精力去照顾。

第三户是一位管理层，平时不需要加班，闲暇的时间比较充足，自己比较喜欢多肉植物，家中种植了一些多肉植物，但数量不多，平时还要打理家中的事情。

第四户是一位市场部的职员，需要经常出差，所以种植的多肉植物不多，怕自己照看不过来，至今还是不会进行多肉的拼盘。

第五户是一位淘宝店主，平日里很忙，忙着收发货。家中多肉植物有时因为忘记浇水都死掉了。

图5-10　深度访谈受访者

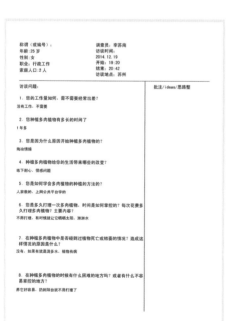

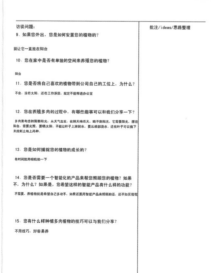

图5-11　深度访谈素材整理

图 5-12　建立典型用户角色模型

典型用户模型（Persona）

魏颖

年龄：27 岁
学历：本科
情感：有交往了 2 年的男朋友
工作：外企人力资源职员
爱好：阅读、旅游

依赖型用户画像

"让我的植物活下来，长得好看，告诉我它何时该浇水、施肥、晒太阳。"

生活形态：
　　典型的白领，在外企工作待遇也是很不错的。正常的朝九晚五，工作的压力不是很大，一般的周末都有休息，周末会约一些同事一起出去逛街。自己最近开始喜欢种多肉植物，因为周围的同事相继地养起来了，自己也跟着种起来了。

多肉种植：
　　种植时间： 刚刚开始半年左右
　　种植环境： 阳台或窗台上
　　种植的量： 3 小 +1 大或 2 小 +2 大（拼盘）
　　遇见的问题和困扰： 多肉植物会因为浇水和天气（季节）等因素，经常出现烂根的情况；多肉植物每次浇水的水量不好把控，不知道浇多少合适，对于新手来说这些比较困难；多肉的品种太多不知道各类的习性如何，要了解这些太麻烦了，要找很多的资料，很烦；很喜欢打理植物的过程，但是不知道该处理哪些问题，我很难发现植物有哪些需求；每

次要外出拜托朋友打理时，很担心他们不会处理，我要想很多需要注意的地方告诉他们，这样比较麻烦；制作多肉拼盘时，植物的搭配，要查阅很多资料，比较麻烦。
　　目标：
　　了解植物的基本状态；很方便地知道植物的习性；提醒用户及时给植物浇水等活动；对产品比较依赖，用户只要在需要的时候知道自己可以进行哪些活动就可以了；不要影响到植物的美观；在制作多肉拼盘时给出合适的指导；通过产品可以与商家建立起一定的联系，便于咨询植物问题和采购产品；关注植物的生长，及时记录植物的生长。
　　关注点：
　　产品简单易操作；能快速地知道植物的需求；产品端与移动端紧密结合；使用上要尽量有一定的情感在里面，不能过于冰冷；产品简洁、家居些。
　　情感诉求：
　　增加操作过程的趣味化；植物不再是只是呆板地在花盆里面而是像人一样有着丰富的情感，有"表情"上的变化；植物可以感受到人的表情的变化，表情也跟着变化，让人感觉到自己的植物就是自己的小小"伴侣"。

图 5-13　典型用户角色模型

5.2.3 同类产品及技术可行性分析

1. 技术可行性分析

（1）通信技术。目前主流的通信技术有NFC、蓝牙、Wi-Fi等技术，其中NFC、蓝牙技术适合在近距离传输。Wi-Fi技术在传输过程中消耗的电量比较小，传输的范围比较广，更适合应用在本产品上。Wi-Fi技术是无线传输技术的一个代名词，当产品发出无线信号，信号进入到互联网后，就可以将信息传输到千里之外。这刚好满足产品对于移动端的使用要求，用户无论在任何地方，只要接入互联网就可以轻松获得所有植物的状态信息。

（2）传感器技术。常见的传感器可分成以下5类（图5-14）：

1）土壤pH值传感器。土壤的酸碱性会直接对植物的生长造成影响，而浇水量的不同会影响土壤的酸碱性。通过传感器检测土壤里面的pH值可以及时了解土壤的酸碱度。

2）水分传感器。在植物养殖过程中，土壤中的含水量直接影响植物的生长，是植物土壤监测的一个重要指标。如果忘记查看土壤的含水量，会引起植物的枯萎乃至死亡。

3）土壤温度传感器。土壤温度对植物有很大的影响。土壤中的温度高低，与植物生长发育、肥料的分解和有机物的积聚等有着密切的关系，是植物养殖中重要的环境因素。通过土壤温度传感器的监测，了解土壤的温度状况，及时地提醒用户将植物搬离温度过高的环境。

4）光敏电阻器。植物在光照环境中成长，有些植物喜光，有些植物厌光，光的不同对植物的生长也会造成影响。通过光敏电阻器，可以根据植物对光照的不同喜好，及时控制光的照射。

5）红外传感器。当人们将手扫过红外传感器时，产品可以及时将花盆中植物的状态显示出来。

  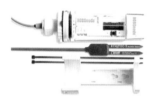 

图 5-14　传感器

2. 同类产品分析

同类产品分析见表5-2。

表 5-2　同类产品分析

产品	主要功能	存在问题	改良方式
	Harvest Matching 的倒三角形设计顶端有一个太阳能电池板，这说明了它并不耗电，是通过室内灯光的照耀收集电力的。此外，它本身内置智能感应设备，将 Harvest Matching 放置在菜园内，就能让它帮你随时侦测感应植物生长状况，搭配专属 App 后，就能通过智能手机，随时查看菜苗生长的最新动态	只是检测植物的生长，没有考虑植物的一些潜在的需求。 产品有一定单薄感	关注植物的生长 注意产品语义的传达，扮演小农夫的角色，在形态上也要体现出来，加入一些刚强的元素

产品	主要功能	存在问题	改良方式
	Click and Grow 公司推出了一款植物盆，工作原理类似于打印机，一棵植物死亡后，接着换下一棵继续生长。这盆花包含大量电子元件、传感器、电池、水泵和储水器等部件。用户只需要在植物花盆中浇点水和定期更换电池就可以欣赏到美丽、绿色的植物，剩下的施肥、浇水等任务交给传感器和软件来处理。当然，还需要把它挪到有阳光的地方，让花开得更大，叶子更亮	方形盒子的材质略显廉价，最好突出产品的品质感，植物生长的地方也比较受限	造型增加入一些柔和的元素，使花盆与花有一定的融合
	Plantui Plantation 不需要土壤，只要设定好照明和灌溉系统，就可以为种子在发芽、长出细苗和收获这 3 个重要阶段提供足够的养分。它几乎可以种植所有类型的植物，其可接受的最高高度为 2 m	这款 PlantLink 的传感器无法收集到光照数据以及土壤 pH 值状况。形态上比较呆板	关注产品的情感化需求，加入一些感性的元素，丰富造型
	"智能花盆"在其底部装有水分及温度传感装置，在外部还有光照传感器。"智能花盆"带有的振动功能可以为那些视力不佳的用户养殖盆栽时提供方便。这些传感装置能随时监测植物周围环境变化，在植物所处环境未达到其生长所需标准时，花盆外的指示灯就会闪烁，一旁的湿度计和温度计则会显示所需数值，让主人及时对其实施有效的照顾	只是检测植物的生长，没有考虑植物的一些潜在的需求 产品有一种单薄感	关注植物的生长注意产品语义的传达，扮演小农夫的角色，在形态上也要体现出来，加入一些刚强的元素
	花盆底盘的水和泥土是分开的，研发人员通过收集大量的数据统计每种植物需要的水分、光照、养分，然后建立算法，具备纳米技术的生长培养基之后会根据数据为你的植物提供适量的水、氧气和养分，植物顶部的 LED 灯则提供适当的光照。用户只需将种子模块插在上面并倒上足量的水，安装好电池，植物就会自行生长	产品模拟光照不是很好，还是没有自然光好	花盆要更加贴合人的操作，让产品尽量显得轻盈一些
	有表情的电子宠物花盆 Junyi Heo，让花通过一个液晶显示屏上的表演来表达情绪。可以从电脑上下载植物生长所需的各种条件，如土壤成分、温度、湿度等。然后对花盆里的各个参数进行测量，并和标准值进行对比。综合几个参数，给出一个表情。看到表情之后，主人就知道哪些地方需要调整	产品的形态不好看，无法满足一些个性的需要	可更换的外壳，定制图案

现有解决方案分析结论：

（1）目前大多数智能化花盆采用的是产品端与移动端结合的方式，产品采集数据后传给移动端，让人们了解植物状态。

（2）产品端大多采用带有功能的指示灯显示植物的状态，指示灯颜色的变化代表着植物的不同状态，但这样的提示亲和度不够。

（3）大多数产品在造型上略显笨重，不够轻巧，与植物和周围环境的匹配度不高。

（4）产品适合同一种植物的栽培，没有适合不同植物相互搭配种植的产品。

（5）移动端的数据显示要更加便于用户接受，更加方便用户读取信息。

从硬件与软件结合出发进
行整合创新设计——智能
硬件设计（设计实现）

5.2.4　产品硬件与交互方案实现

1．产品定义

通过以上各个方面的调研研究与整理，最终将产品定义如下：

（1）定位人群：25 ～ 35 岁白领女性。

（2）用户类型：依赖型用户、边缘种植者。

（3）产品风格：家居、简约、现代、时尚感。

（4）产品颜色：以深色为主，突出植物。

（5）产品功能：主要借助各个传感器相互协助工作，帮助用户获得信息，提醒用户利用零碎的时间照顾植物。

（6）交互界面：简洁易用、扁平化风格、信息简单易读。

（7）产品操作：简单方便，即使用户没有将手机带在身边，也可以及时通过其他方式登录云端查看植物状态或者直接从花盆中获得信息。

2．形态头脑风暴与方案表达

（1）造型设计意向板确定。目标用户群体强调生活品位，注重产品细节与品质，喜欢简约、饱满、构成感的形态语意（图 5-15）。

（2）产品形态头脑风暴。根据意向板确定的造型设计感觉进行草图绘制，寻找适合产品感觉的造型形式（图 5-16）。

（3）初步方案。归纳总结前期的设计创意方向，根据设计定位初步形成 4 套设计方案（图 5-17 ～图 5-20）。将挑选出来的方案进行初步的深化，这也是打开思维的过程，因为前面的方案都只有大的轮廓还没有考虑细节，结合造型意向板和设计定义要求将方案呈现出来，再进行方案筛选（图 5-21）。

（4）方案深化。根据产品定义和造型意向要求，选择初步草图方案（4）继续进行深化（图 5-22）。草图方案整体构成比例比较合理，形态饱满，侧边线条有动势，使整体的形态比较美观，生动活泼，顶部的比例与侧面的比例形成呼应。

图 5-15　造型设计意向板

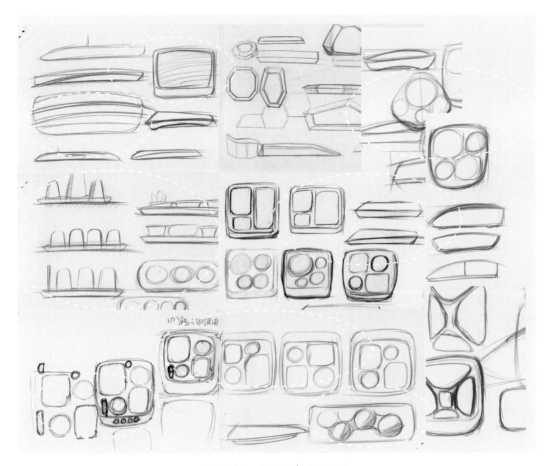

图 5-16　产品形态头脑风暴

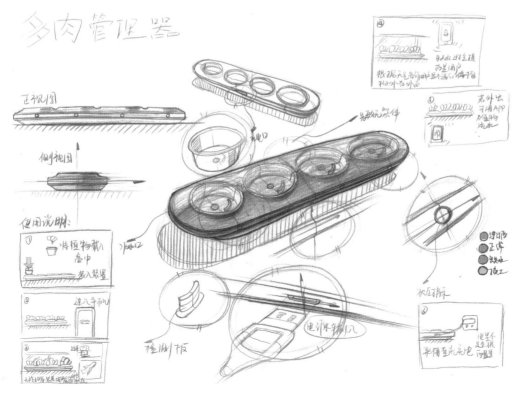

图 5-17　初步草图方案（1）

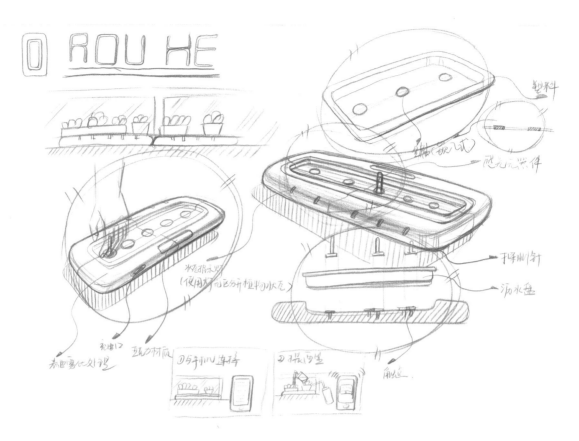

图 5-18 初步草图方案 (2)

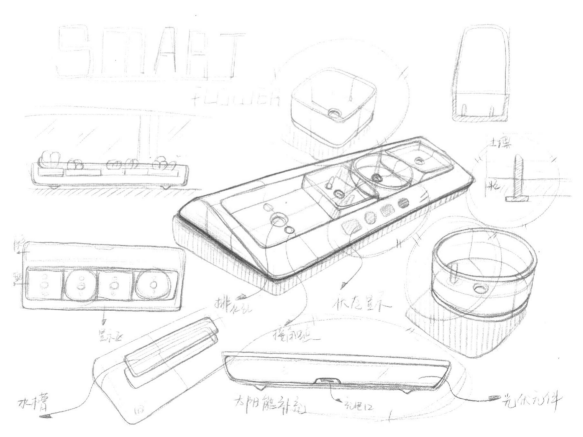

图 5-19 初步草图方案 (3)

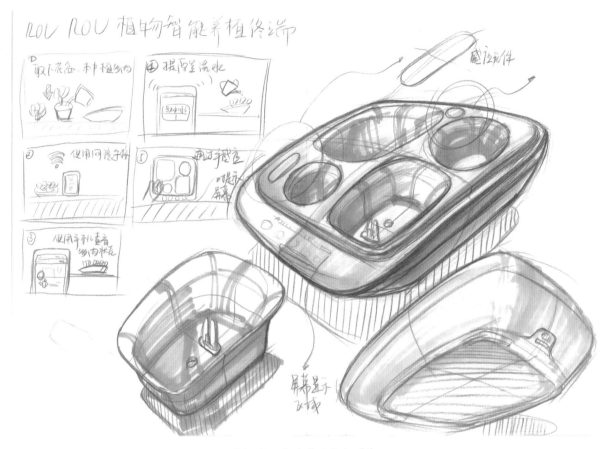

图 5-20　初步草图方案（4）

图 5-21　方案讨论与筛选

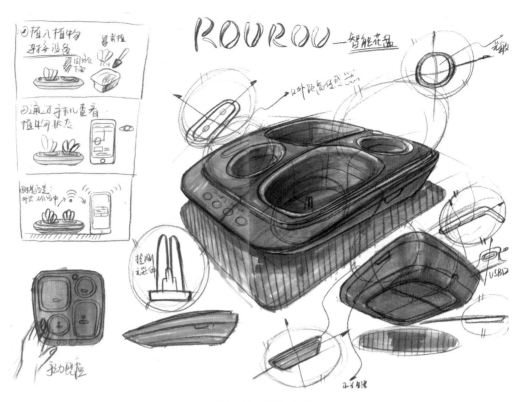

图 5-22　深化草图

（5）草模验证。确定方案后，使用 KT 板制作草模，推敲与验证产品前面板的尺寸关系（图 5-23）。

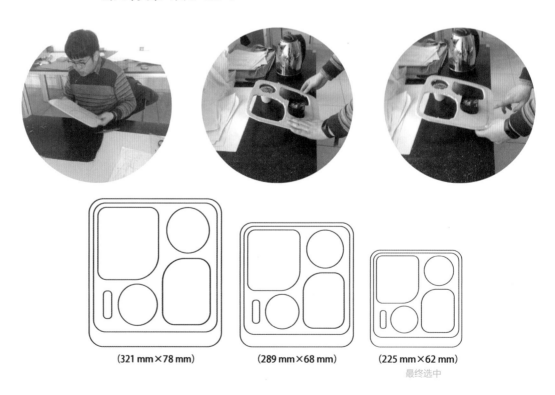

(321 mm×78 mm)　　　　(289 mm×68 mm)　　　　(225 mm×62 mm)

最终选中

图 5-23　草模验证

3．三维表现与CMF确定

（1）CMF意向板确定。根据草图完成三维建模后，将进入渲染阶段。首先要确定这个产品的CMF（颜色、材质、制作工艺）方案。我们的目标用户希望产品的配色和材质的选择可以给人以安静的感觉与和谐的美感。在大的表面处理上也是倾向光面和磨砂面的区分处理，这样给人稳定感。考虑到产品的使用环境是在阳台上，要采用不易老化的工程塑料（图5-24）。

（2）CMF方案确定。CMF意向确定后，通过KeyShot进行渲染，反复尝试。以黑色为主的配色方案比较适合产品本身，黑色给人一种寂静感，也不会抢了植物的颜色，反而突出了植物，黑色也是日本侘寂美学中常用的颜色。在产品表面的处理上大面积使用磨砂效果，中间使用亮面的边线和底盘来形成对比，使产品更加生动（图5-25）。

（3）产品显示图标设计。产品终端的图标是配合移动端使用的，在设计界面时应更多关注产品的易用性，能够快速获得信息，将图标归纳为光照正常、防晒、土壤温度高、水分充足、缺水等几个方面（图5-26）。

图 5-24　CMF 意向板

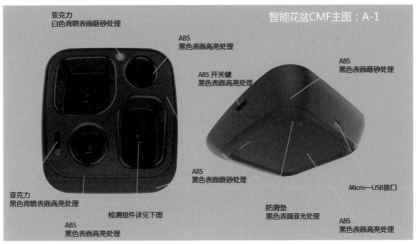

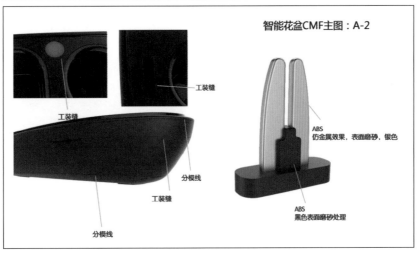

图 5-25　CMF 图示文件

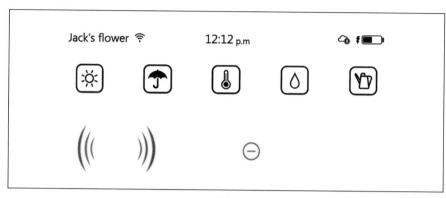

(a)

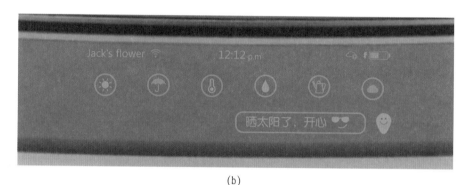

(b)

图 5-26　产品显示图标与实物图

（a）置木图标；（b）采购图

4．交互界面设计

进行产品的交互界面设计时，首先要了解用户对于产品的需求信息，之后进行原型图设计，再进行界面的视觉设计，最终完成整套界面设计。

（1）用户需求分析。产品的目标用户是年轻的女性，工作比较忙碌，没有时间来照顾家中的多肉植物或了解植物的习性。现在的年轻人也比较喜欢通过网络社交圈来分享自己的体验，通过客户端商家也可以和用户建立起联系，帮助用户更好地照顾自己的植物（图 5-27）。移动交互的设计注重以下几个方面：

1）及时的提醒功能，如告诉用户要给植物浇水等。

2）远程的查看功能，了解植物的状态。

3）社交平台的接入，让用户及时地去分享。

4）及时提醒用户去拍照记录植物。

5）通过客户端用户就可以轻松地获得植物的一些相关数据。

6）用户不仅可以获得简单的状态信息，还可以获得一些专业信息的详情页。

7）操作应该尽可能的简单方便。

8）整体的界面设计也应该是产品外观设计的延续。

9）配色上考虑一些简洁的搭配，色彩不能过于跳跃。

10）在日常状态下使用。

11）在外出的时候使用客户端。

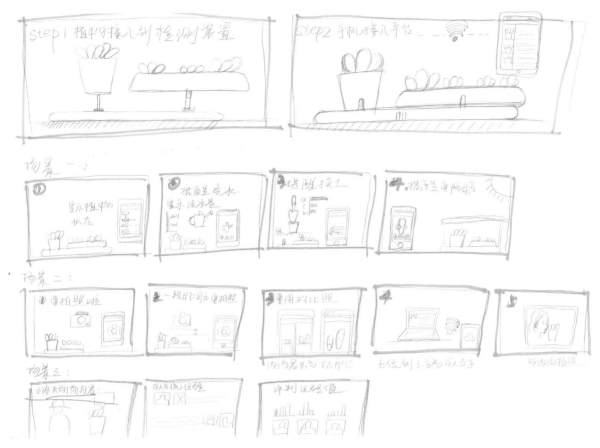

图 5-27　绘制情境故事板

（2）原型设计。在明确用户需求后就是规划如何让用户使用移动端，在这个过程要规划出最适合用户使用的操作流程，再使用框架结构图将整体界面进行规划（图 5-28）。在进行操作流程规划的时候，要考虑用户在整个操作流程的体验。用户在使用移动端时会遇见以下两个场景和使用流程：

1）在植物健康状态下，用户可通过移动端查看植物的状态，首先用户登录到客户端，在进入客户端后首先是对植物的整体概览，在这里可以查看植物是否缺水、过晒等信息，之后用户通过单击页面上的每个植物的位置就可以了解该盆中植物的详细信息，在进入这一个界面后通过选择不同图标了解不同的参数。通过菜单还可以选择社交，进入与微信对接的社交平台，选择相册功能就可以查看在不同时间拍摄的植物图片，还可以对比不同时间的照片，也可以将图片分享到社交平台。

2）在植物有特殊情况需处理时，手机会收到来自客户端的提示信息，提醒用户该进行的操作步骤。跳出对话框提醒用户后，用户可以选择确定或者稍后提醒的设置。

（3）界面视觉设计。该产品终端是一个简洁的设计，所以在界面设计上也采用扁平化的设计语言。界面的配色选用一些比较安静的颜色与产品产生呼应，让用户感觉整体界面设计是产品的一个延续（图 5-29 和图 5-30）。

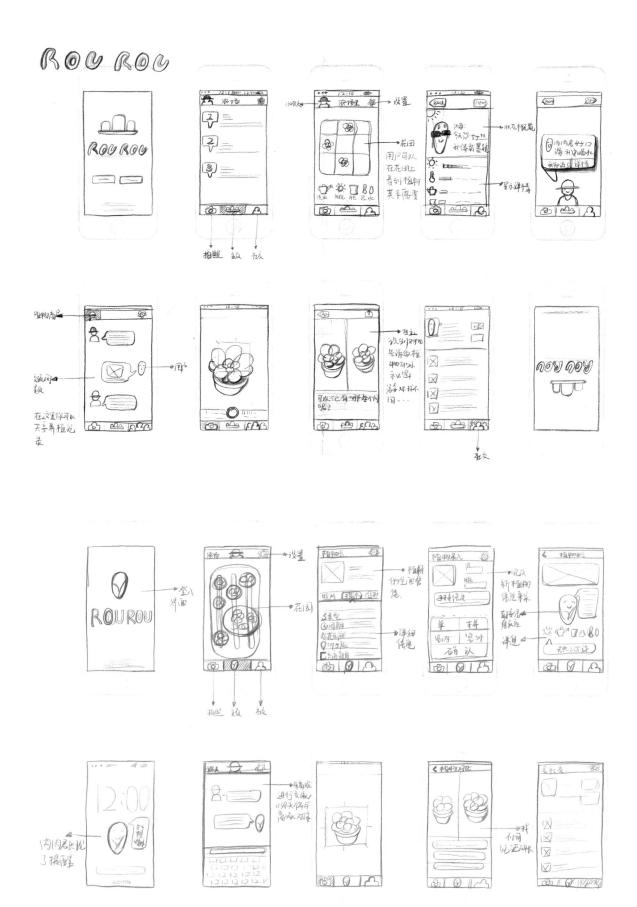

图 5-28　原型设计草图

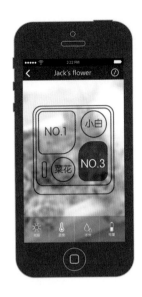

图 5-29　视觉界面设计

图 5-30　产品界面交互流程

5.2.5　手板模型制作

产品设计完成后，通过手板模型的制作验证产品设计是否与产品定义相符。

1. 加工文件整理

在进行模型加工之前要进行加工文档的整理，交给手板加工厂的文件包括三维文件（图档的尺寸为模型的 1 : 1 的建模文件）、丝网印文件、产品尺寸图（六视图）、CMF 图示文件等（图 5-31）。

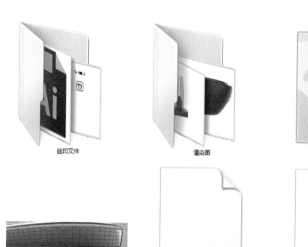

丝印文件　　　渲染图　　　2015.3.18　　　表面处理说明文件

模型　　　最终模型.igs　　　最终模型.stp

图 5-31　加工文件

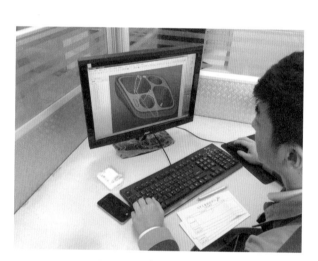

图 5-32　前期分析与拆图

2. 前期分析与拆图

工程师使用工程软件将模型与加工单逐一核对。根据 CNC 加工的特点以及加工材料的厚度进行前期拆图（图 5-32）。

3. CNC 编程与加工

使用编程软件对 CNC 加工工艺进行编程（图 5-33），将编写好的程序输入 CNC 加工中心进行数控加工（图 5-34）。

图 5-33　CNC 编程

图 5-34　CNC 加工

4．后期表面处理

CNC 加工结束后将加工件取下，清理加工毛刺，使用砂纸将加工的刀路去除打磨。模型初步打磨结束后，将表面处理效果相同的加工件进行初步组装。检查加工件表面上的坏点，及时地进行修补。然后使用砂纸打磨表面，直至加工件表面满足最后的喷涂要求（图 5-35）。

5．喷涂、丝印与组装

这一步是手板模型加工的最后一步，也是最为重要的一步，所有表面喷涂、丝网印效果都将通过这一步实现。根据 PANTONE 色号进行颜色的调制，根据 CMF 图示文件所标注的表面处理效果进行喷涂，根据平面矢量文件进行标示的丝印，最后要将产品的各个部件——进行组装（图 5-36 和图 5-37）。

5.2.6 设计作品的呈现与展示

设计说明：种植多肉植物已在年轻人中逐渐成了一种时尚。但在种植过程中，由于年轻人的生活比较忙碌，没有足够的时间学习如何照顾植物，容易出现植物生长缓慢或者死亡的情况。"ROUROU"智能植物培植终端系统就解决了这样的问题（图 5-38）。

用户将多肉植物种植在"ROUROU"花盆中，通过无线网络技术将花盆与移动端连接。用户使用手机扫描植物，完成植物的录入，准确地获得植物的信息（图 5-39）。

"ROUROU"花盆通过传感器将信息上传到云端，用户在移动端接收植物的状态信息，当植物出现异常状态时，在产品端和移动端都会发出警报，提醒用户进行处理，并给出指导意见。"ROUROU"也融入了社交功能，用户可以通过 App 记录植物的成长，并将自己种植的心得分享到肉肉圈。在即时通信中对接到微信的社交平台，可以让用户和商家进行交流（图 5-40）。

在产品的材质选择上，考虑产品的耐腐蚀和抗日晒特性，选择 PP 或 PE 材料，在产品的表面处理上选择磨砂和高亮的表现处理效果。在产品的颜色上，选择以黑色为主，以营造产品的宅寂感，也保证产品不会"喧宾夺主"，影响对植物的欣赏（图 5-41）。

图 5-35　未喷涂的手板原型

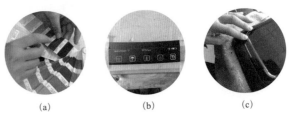

（a）　　　　　（b）　　　　　（c）

图 5-36　手板模型的喷涂、丝印与组装

（a）喷涂；（b）丝印；（c）组装

图 5-37　手板模型成品

图 5-38　产品使用图

图 5-39　产品使用功能分析图

感应区域
轻触感应区域，唤醒产品的显示区域，产品会在显示区域显示植物状态

光敏传感器
收集植物光照信息

表面磨砂处理
磨砂与黑色的配色形成搭配，营造产品的侘寂美

显示区域
显示区域显示植物状态

土壤传感器（湿度、温度等）
传感器收集装置，收集植物信息

开关键
产品电源主控键

表面高亮处理
表面高亮处理，一方面保证产品的整洁感，另一方面与磨砂材质形成对比

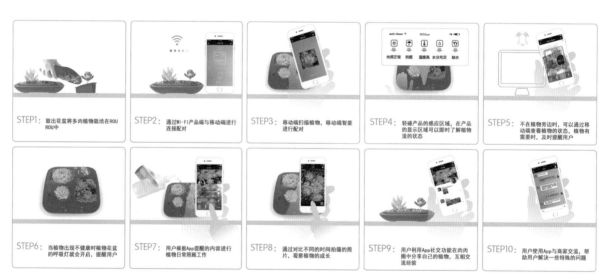

STEP1：取出花盆将多肉植物栽培在ROU ROU中

STEP2：通过WI-FI产品端与移动端进行连接配对

STEP3：移动端扫描植物，移动端智能进行配对

STEP4：轻碰产品的感应区域，在产品的显示区域可以即时了解植物流的状态

STEP5：不在植物旁边时，可以通过移动端查看植物的状态，植物有需要时，及时提醒用户

STEP6：当植物出现不健康时植物花盆的呼吸灯就会开启，提醒用户

STEP7：用户根据App提醒的内容进行植物日常照顾工作

STEP8：通过对比不同的时间拍摄的照片，观察植物的成长

STEP9：用户利用App社交功能在肉肉圈中分享自己的植物，互相交流经验

STEP10：用户使用App与商家交流，帮助用户解决一些特殊的问题

图 5-40　产品使用场景图

图 5-41　产品手板细节照片

图 5-41　产品手板细节照片（续）

5.3　关键点描述

如何利用人物角色
法分析用户需求

课件：设计关键点
| 如何利用人物角
色法分析用户需求

5.3.1　人物角色分析

1. 人物角色分析的目的

人物角色分析是研究典型消费者所常用的分析工具。人物角色是从调研和采访的所有用户中综合提炼出一个或多个角色模型，以获得一个个典型的用户形象，并将所有相关需求与它联系起来，帮助设计师将"目标—用户—任务"关联起来。建立任务角色是 UCD（User Centered Design，以用户为中心的设计）中的一个重要环节，是对于用户研究中获得的用户资料的一个回溯与重组、提炼和浓缩的过程（图 5-42）。

建立人物角色的目的如下：

（1）对于特定用户群体信息的提炼和浓缩。用户研究是一个复杂而冗长的工作，复杂是件好事，但是也会造成重要信息迷失、数据量异常庞大、报告缺乏终点等问题。所以，需要建立一个丰满、鲜活的以人物形象来描述整合用户群的重要特征的模型。

（2）在研发和设计团队人员中建立统一的"用户群"形象，有利于在跨职能、跨部门、跨团队合作中的信息传递，避免因为个人理解差异而造成用户形象的失真。

图 5-42　人物角色分析构建

（3）人物角色分析可以提醒开发人员时时刻刻坚持以用户为中心。所以建议研究完成后将人物角色打印出来，在开发过程中经常回顾 Persona（人物角色）人物形象的特征和需求。

2. 建立人物角色模型的流程与方法（图 5-43）

（1）了解用户总体情况，并按照一定的标准对其进行细分，产生多个独特的用户类别。

1）建立全局图，以了解每类用户在总体中的位置。通过对不同类型用户的

115

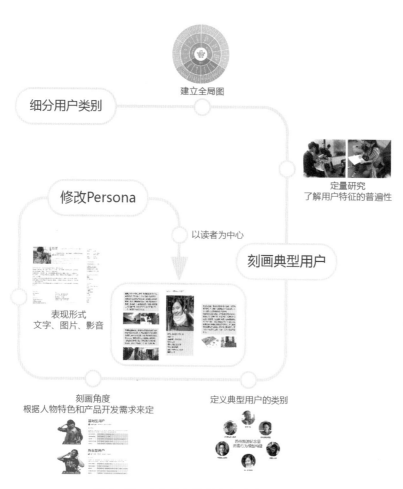

图 5-43　人物角色模型建立的流程与方法

图 5-44　苏州旅游纪念品消费行为用户模型

比较，可以帮助建立参考系统，更好地理解每类人物的特点。

2）了解每类用户对总体的影响力。一般需要通过定量研究的方法来了解每类用户及其特征是否具有普遍性。

（2）深入刻画典型用户。

1）清晰定义典型用户的类别。

2）刻画人物的角度没有定律，根据人物特色和产品开发需求来定。

一般的描述步骤是从表象到本质，由外围环境联系到产品，从过去、现在联系到未来，如人物的基本属性、文化背景、生活状态、需求点、利益点以及发展趋势等。

3）表现形式按表现性和生动性由弱至强可分为人类学形式的文字描述、图片说明、影音文件等。

（3）从阅读者的角度修改。构建人物角色的人，是写故事的人，故事是写给更多的阅读者看的。所以写故事的人需要本着"以阅读者为中心"的原则来刻画人物角色，或者可以通过了解阅读者对于人物角色的理解来反复修正表达的方法和措辞。

3．应用案例

旅游纪念品消费者人物角色构建是基于苏州旅游纪念品消费行为调查所建立的典型消费者行为模型。通过前期对苏州旅游纪念品消费行为的客观性问卷调查和针对重点游客的主观性深度访谈进行统计和分析，从中综合提炼出 6 个角色模型（图 5-44 ～图 5-50）。

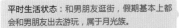

平时生活状态：和男朋友逛街，假期基本上都会和男朋友出去游玩，属于月光族。

旅游方式：和男朋友一起。平时公交，出远门的话会选择火车。这样可以欣赏沿途的风景。曾去过上海、杭州、常州等地区。
对旅游的看法：对于她来说旅游是一种放松心情的方式，平时工作忙。出行以省内景点为主，不太喜欢节假日出去，因为比较拥挤。

姓名：严玉丽　　性别：女
年龄：25岁　　教育背景：专科
职业：公司文员
月薪：2 500~3 000
工作经验：3 年
婚姻：未婚，有男朋友（手机销售员）
来自地区：甘肃兰州
家庭规模：四口之家：爸爸（教师），妈妈（医生），哥哥（物流职业者）
性格：外向、好交际、富有朝气
爱好：旅游、逛街、美食、做饭

旅游时食物选择：一般会选择当地一些比较有特色的街边小吃和小吃店。
本次旅行安排：此次来苏州旅游去了网师园、拙政园、平江路。

对旅游纪念品的选择：每到一个景点，碰到喜欢的会选择购买旅游纪念品。大多数时候是通过拍照来记录整个旅行过程。自己比较喜欢买些吊坠首饰等，同时买一些有纪念性意义的纪念品给好朋友。

图 5-45　苏州旅游纪念品消费行为用户模型详细分析（1）

家庭背景：有一个贤惠的妻子，一个可爱但是调皮的儿子，孩子已经上小学了，父亲也是机关单位人员，母亲做点小生意。

出行旅游：近的旅游地点会采用自驾游的方式，中途旅游会采用乘坐高铁的方式，出境旅游或者远处旅游会坐飞机。每年两次去某个景点游玩，也会利用工作之余到处走走。

姓名：赵琛　　性别：男
年龄：35　　学历：本科
地区：山东　　薪资：5 000
性格：外向、大方　职业：政府文职
简述：本科毕业后，成为公务员，工作朝九晚五，不算辛苦，但是略显乏味，喜欢旅游，假期喜欢跟家人去各地走走散散心

建筑/生活节奏：青瓦白墙是最具特色的，与之前去过的几个地方截然不同，来了苏州才知道不仅仅园林是苏州味道，周边的大街小巷建筑也有浓浓的老苏州味道。去过留园，到过平江路，偏爱平江路的小店小情调，白天的平江路和晚上的平江路是两个不同的世界。

关于纪念品：谈到旅游纪念品个人认为这里跟其他地方一样，东西都大同小异，乌镇卖的，山塘街也有，留园也有，西塘还便宜，找不到能让自己眼前一亮，有购买欲望的东西。喜欢评价古色古香的东西，觉得小玩意比拙政园和其他旅游区好，其中，概念类的旅游纪念品是个很新奇的东西，例如寄给未来的自己的明信片，这也算一个纪念品。

图 5-46　苏州旅游纪念品消费行为用户模型详细分析（2）

角色三（青年女大学生）

概况：她是一名大二学生，生活费1 000元左右，喜欢旅游，曾经自己一个人穷游了很多地方。她会利用课余时间做些兼职，寒暑假也会出去兼职，然后用兼职挣的钱去一些比较远的地方旅游，像西藏、云南这些地方。她最大的愿望就是玩遍中国，希望自己可以做一名背包客，一人一包走遍中国大好河山。

对旅游品的看法：她喜欢收集有当地特色的旅游纪念品，如果有当地的手绘地图或游览图，她一定会购买。今年国庆她到苏州来找同学玩，在苏州的几天她住在同学的宿舍，白天就和同学出去玩。同学带她去了拙政园、狮子林、留园、博物馆、平江路、观前街等。

姓名：穆小娟　性别：女
年龄：20
地区：河南郑州
职业：学生
学校：河南师范大学
专业：美术教育
性格：热情开朗、乐观
爱好：广泛

关于纪念品：她最喜欢苏州的平江路，她觉得平江路有苏州质朴的民风和文化传统特色，在平江路她买了苏州的手绘游览地图。
她游玩过的地方很多，但是她觉得很多地方的旅游纪念品都差不多，例如同样一块刺绣手帕在苏州叫苏绣，在四川叫蜀绣。还有的旅游纪念品做工粗糙。她认为旅游纪念品主要是让游客看到后能想起在当地旅游的情形，所以旅游纪念品要有当地特色，同时做工要精致，不能像小商品市场上的一样是一条流水线生产出来的。

图5-47　苏州旅游纪念品消费行为用户模型详细分析（3）

角色四（中年男技师）

生活状态：上班、读书看报、旅游。
消费特征：价格合理的，质量好的，做工精美的。

对旅游纪念品的看法：感觉现在旅游纪念品没有地方特色，做工粗糙，价格偏贵，没有实用价值。
购买旅游纪念品的用途：馈赠亲朋好友，家庭装饰摆放。
他所期望旅游纪念品类型：有地方特色的，有实用价值，寓意好的。力图挑选自己感觉最满意的商品。

姓名：马富贵　年龄：45
学历：高中毕业
地区：山东烟台市
职业：工厂技术师傅
工资：5 000
家庭规模：一家三口
女儿：在读大学生
老婆：家庭主妇
性格：温和、谦虚、稳重
爱好：关心时事政治，喜欢运动

关于旅行的看法：一年会去旅游不定次数，喜欢计划好再出去游玩，属于有目的的专程到景点旅游。一般情况都是和老婆女儿一起跟团旅游。喜欢在旅游景点附近小吃吃饭，而住宿则住在连锁酒店。

对苏州的印象：对苏州景点印象颇深的是山塘街和拙政园。山塘街在苏州众多的街巷之中比较出名，是苏州古城自然与人文景观精粹之所在，堪称"老苏州的缩影，吴文化的窗口"；而拙政园是江南园林的代表，历史悠久，人杰地灵，人文荟萃，是苏州园林中面积最大的古典山水园林是苏州园林中最大、最著名的一座，堪称中国私家园林经典。

图5-48　苏州旅游纪念品消费行为用户模型详细分析（4）

角色五（中年企业女高管）

工作状况：1999年毕业于国内某知名大学经济学专业，并取得硕士学位。目前就职于国内一家知名企业，担任财务总监。平时加班不多，非特别时期，双休日照常休息。平均每年出差七八次。有时也会出国。

生活状态：因为工作和时间关系，平时大多数丈夫负责做饭和家务。喜欢跑步和听歌。参加各种聚会，会见朋友时日常穿着大多数为正装、礼服。对于奢侈品没有什么过分的追求。家庭关系和睦。她对目前的生活很满意。

姓名：李玲　年龄：42
职业：某大型企业高管
学历：研究生
性格：自信、坚强、独立、乐观
爱好：跑步、听音乐、旅游
住址：某一线城市高档小区
因为学历问题，李玲27岁才毕业开始工作，所以结婚比较晚。
家庭成员：丈夫（事业单位）
　　　　　女儿（小学生）

关于旅行：工作不紧张的时候，会选择节假日陪丈夫和女儿出游。丈夫喜欢接近大自然，比较喜欢没有被开发的或者开发程度比较低的地方，因为这样可以更真实地体验当地风土人情。

关于旅游产品：李玲自己除了旅游外，因为工作关系，去过很多地方，对大多数地方都比较熟悉，很有自己的见解。因为这些关系，她对旅游产品比较挑剔。这些挑剔主要集中在材质、做工和内涵方面。
对于旅游纪念品，女儿或丈夫喜欢的话肯定会买的，但不会给女儿买质量差或者做工、材料、设计方面存在安全隐患的，会买一些有地方人文特色、传统寓意好的产品，因为可以起到教育作用。送商业伙伴的话，挑选会很谨慎，注重品质感和特色。

图5-49　苏州旅游纪念品消费行为用户模型详细分析（5）

角色六（退休干部）

生活状态：晨练，聚会，喝茶，下棋。
消费特征：注重生活品质，会购买有养生的生活用品，喜欢买具有收藏价值的东西。

个人描述：我是一位党政领导干部，现在已经退休了，两人居住，平时儿女也回来看看我，我有一儿一女，儿子从商，开了一家连锁店，是董事长，现已婚，无子；女儿是教师，也已婚，有一对龙凤胎，每到周末或节假日儿女有空都会带着孩子来看我。平时我会结伴（和老伴）出去走走，看看外面的世界。

姓名：傅正文　性别：男　年龄：65
学历：本科　　地区：哈尔滨
交通工具：单车
职业：工商局副科长
收入：8 000
爱好：登山、打高尔夫、摄影

对旅游的计划：这次来苏州是有计划来的，提前报了一个夕阳红的旅行社，和老伴一起参团来到苏州，住的是快捷酒店，主餐都是在团里吃，也会吃一点特色小吃，第一站去了拙政园，领略下苏州园林的独特魅力；稍作休息后又游玩了苏州博物馆，参观了大师贝聿铭的设计；第三天我游玩了观前街，体会到了舒适城市现代化的一面。

逛完园林，店铺评价：觉得没有新意，所有的旅游纪念品都大同小异，我不会购买，我注重养生、收藏价值。
期望类型：养生、收藏、馈赠、实用价值的旅游纪念品。

图5-50　苏州旅游纪念品消费行为用户模型详细分析（6）

5.3.2　手板模型验证

1．手板模型验证的必要性

手板模型是指根据产品设计的外观图或结构图制作出来的产品样板或者产品模型，用来检测和评审外观、机构的合理性，也用于向市场提供样品，通过市场检验满意后或者经过修改满足市场需求后再开模进行批量生产（图5-51）。

手板模型制作是产品设计中的重要环节，模型制作能够使设计师获得空间造型，用空间形态方式表达设计构思，并把设计创意更好地付诸实践。产品设计者学习手板模型制作的目的主要有三个方面：

（1）获得立体表达设计的知识；

（2）将模型制作作为设计实践的过程；

（3）将制作出来的样品作为展示、评价和验证设计的实物依据。

手板模型的验证可以降低直接制造的风险，能够在批量生产前看到产品全貌，抢先占领市场。手板模型处在产品设计与批量生产环节之间，起到了桥梁作用，为产品设计走向市场提供了高效、快捷、经济的解决方案（图5-52）。

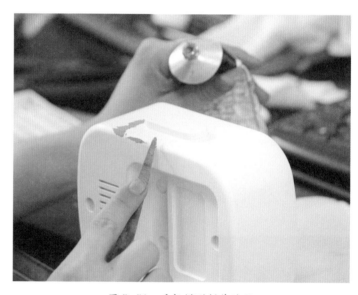

图 5-51　手板模型制作过程

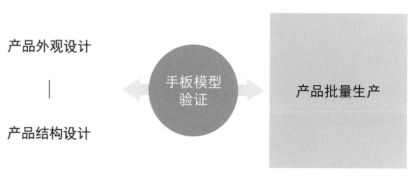

图 5-52　手板模型作用示意

2．手板模型的分类

（1）外观手板（图 5-53）。外观手板是按照产品的外观设计图纸生产的产品样板。外观手板是可视的、可触摸的实体，它可以很直观地以实物的形式把设计师的创意反映出来，避免了"画出来好看而做出来不好看"的弊端。外观手板能直观地评审造型设计方案的人机合理性、赋予色彩、材质表达、产品整体形态，对检验和优化产品的外观设计有举足轻重的作用。

（2）结构手板（图 5-54）。结构手板是按照产品的结构设计图纸生产的可装配的、可实现真实功能的产品样板。结构手板对产品装配工艺合理性、装配的难易度、模具制造工艺及生产工艺的分析和评审都起到非常直观的作用，方便设计者及早发现问题，优化设计方案，降低直接开模的风险。

（3）模型手板（图 5-55）。模型手板是按照产品或产品图纸，以一定的比例（放大/缩小）生产的产品模型。模型手板一般用于参加展会等市场推广、商业洽谈活动，为企业赢得市场先机。

3．手板模型行业典型制作流程

早期的手板模型因为受到各种条件的限制，其大部分工作都是由手工完成的，这使得手板模型的加工期长且很难严格达到外观和结构图纸的尺寸要求，因而其检查外观或结构合理性的功能也大打折扣。

随着科技的进步，CAD 技术和 CAM 技术的快速发展为手板模型制造提供了更好的技术支持。数控加工中心（CNC）、精雕机、数控铣床、激光成型机，以及大量的后期工艺制作配套设备的普及使手板制作拥有了真正意义上的"精确""快速"和"绚丽"；另一方面，随着市场竞争的日益激烈，产品的开发速度日益成为竞争的主要矛盾，而现代化工艺的手板制作恰恰能有效地提高产品开发的效率。

快速成型手板制作主要有以下两种方式：

一种是 RP（激光成型）（加法生产模式）。RP手板模型的优点主要表现在它的快速与易操作上，其主要是通过光敏树脂等材料堆积技术成型。成本

图 5-53　外观手板

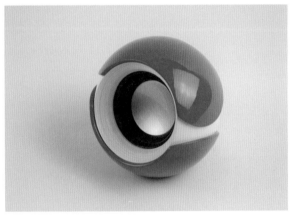

图 5-54　结构手板

图 5-55　模型手板

较低的 RP 手板模型相对粗糙，材料单一，不能反映材料的真实特性，而且对产品的壁厚有一定要求，如壁厚太薄便不能生产。而精度较高的手板模型设备与材料费用又过于昂贵（图 5-56）。

另一种是 CNC（电脑控制加工中心）（减法生产模式）。CNC 数控加工的优点是能非常精确地反映图纸所表达信息和材料特性，表面质量高，但技术要求高，目前以运用 CNC 技术为主的手板模型制作已经成为一个行业，是手板制造业的主流。在工业设计行业内提到的手板一般都是指用 CNC 数控加工制作完成的手板模型（图 5-57）。

手板模型行业典型加工流程大致可以分为九道工序，分别为收取图档、前期分析、CNC 编程、CNC 加工、手工修正、抛光打磨、喷涂与丝印、手工组装、质检发货等（图 5-58）。

下面以灯具手板模型制作为例，讲解手板模型典型制作流程。

（1）收取图档与加工文件整理。在手板模型加工之前，无论由专业手板公司制作还是自主加工，首先都要进行加工文件整理工作。需要整理的加工文件有三维格式源文件、CMF 图示文件、丝网印刷源文件等（图 5-59 和图 5-60）。

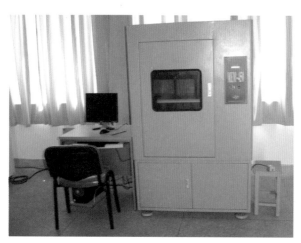

图 5-56　快速成型机

图 5-57　CNC 数控加工

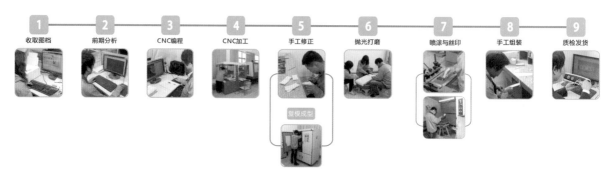

图 5-58　手板模型行业典型制作流程

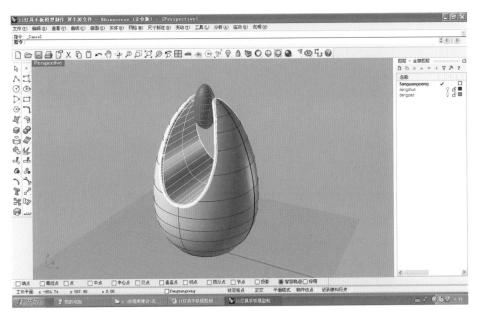

图 5-59　灯具 Rhino 文件

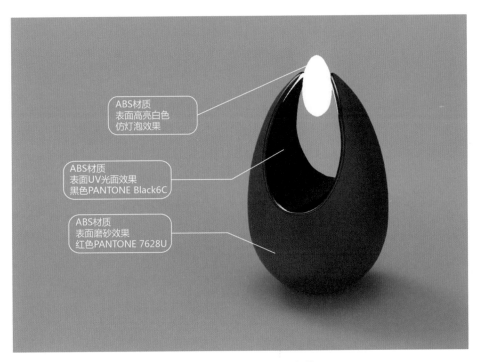

图 5-60　灯具 CMF 图示文件

（2）前期分析与拆图（图 5-61）。分析产品的形态特征与技术要求，并根据手板模型制作工艺的特点编排加工方式。手板模型加工的原料是板材，有一定的厚度限制。在加工手板模型时，要用多块板材加工再拼接形成需要的产品，在软件中实现这样的工作就叫作拆图。拆图可以有效地利用材料，提高加工效率，降低成本。

123

（3）CNC 编程与加工。将拆分好的部分文件输入数控加工编程软件 Mastercam，编写加工刀具与加工路径等数控加工代码，并将代码输入 CNC 加工设备，将各个部件加工完毕（图 5-62 和图 5-63）。

（4）后期表面处理（图 5-64）。将加工完成的部件进行手工修正，将一些加工的瑕疵和配合不到位的地方逐一处理。将灯具主体相同材质的部件装配起来进行粘接，将接缝处修整打磨。模型的后期处理需要经过多次反复，直到满足设计要求为止。

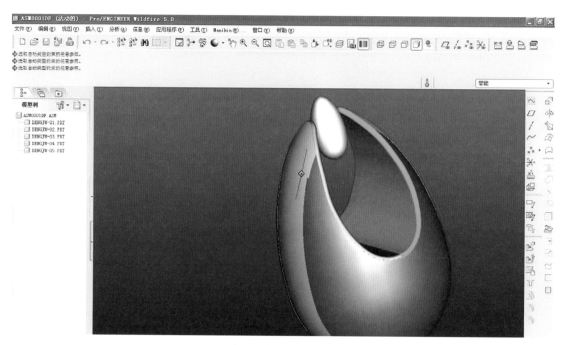

图 5-61　前期分析与拆图

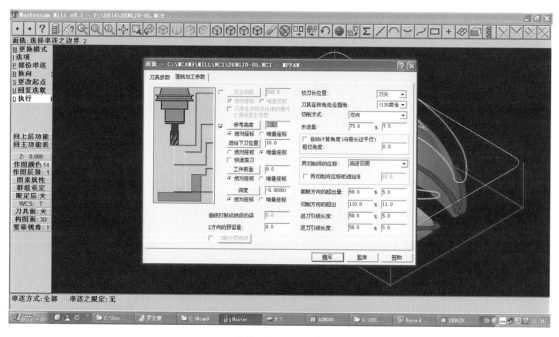

图 5-62　CNC 编程

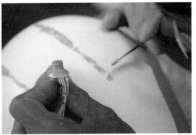

图 5-63　CNC 加工　　　　　　　　　　图 5-64　后期表面处理

（5）喷涂与组装。首先是根据标注的 PANTONE 色号在色卡上选择对应的颜色。根据色卡颜色进行调色，调色要反复进行，并进行试喷，以保证调出的颜色准确、合适；然后将最终调整好的颜色装入喷枪中，根据 CMF 图示文件中表面处理的要求进行喷涂。不同的颜色材质采用分步骤喷涂的方式进行（图 5-65 和图 5-66）。最后将喷涂好的部件组装到一起，一个灯具的手板模型就制作完成了（图 5-67）。

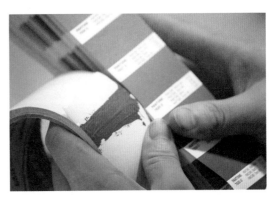

图 5-65　根据 PANTONE 色号调色

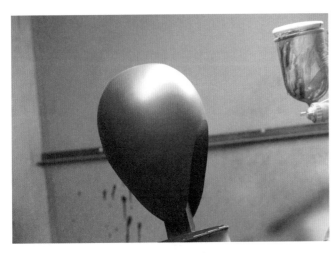

图 5-66　喷涂

图 5-67　灯具手板模型

5.4　案例拓展

5.4.1　家居智能控制终端设计

1. 设计方向确认

本设计研究基于物联网的智能家居控制设备,利用无线通信技术,解决普通家电无法适应快节奏生活而带来的不便,通过统筹管理,让家居生活更加简单、安全,富有趣味。

家具智能控制终端
设计过程展示

课件：案例拓展｜
家居智能控制终端
设计过程展示

图 5-68　人物角色设定

产品使用流程

用户离家一定距离，
设备会自动运行

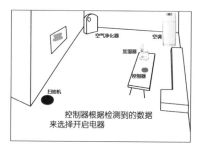

控制器根据检测到的数据
来选择开启电器

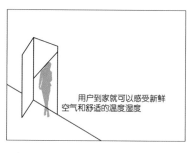

用户到家就可以感受新鲜
空气和舒适的温度湿度

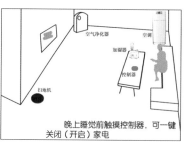

晚上睡觉前触摸控制器，可一键
关闭（开启）家电

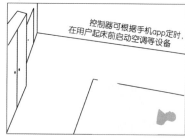

控制器可根据手机app定时，
在用户起床前启动空调等设备

如果没有关闭空调等设备，离家有
一定距离时，会提醒用户是否需要关闭

图 5-69　产品使用流程设定

2. 用户研究与人物角色设定

根据产品设计研究的方向，将受众人群定位在 27～35 岁，三口之家，有一定的经济基础，有自己的生活品位和追求，并保有对新鲜事物的探索精神。购买者需要对智能产品有一定的了解，平时关注科技的发展动态，也会去购买一些最新的科技产品；对自己的生活品质有所要求，对空气质量有所关注，家里会购买净化器、扫地机等产品，有一定的经济基础（图 5-68）。

3. 产品硬件及交互方案实现

根据设定好的人物角色进行需求分析和产品使用流程的设定（图 5-69）。

以手绘方式对产品硬件控制终端的造型进行设计，通过对多个不同造型方案的讨论，最后确定以菱形为基本形态的造型设计方案为最终方案（图 5-70 和图 5-71）。

交互界面设计分为两种，一种是终端设备端的界面设计（图 5-72），另一种是手机端 App 界面设计（图 5-73）。

4. 设计作品的呈现与展示

设计说明：随着全球大气污染的加剧，人们越来越重视室内空气的质量。本产品作为一个智能物联网移动协同终端设备，将家中的空气净化器、空调、扫地机、加湿器连接起来。根据室内空气质量、湿度情况、地面清洁情况，提供多种改善方案，为人们提供更加舒适、便捷、干净、卫生、智能化的生活环境（图 5-74～图 5-76）。

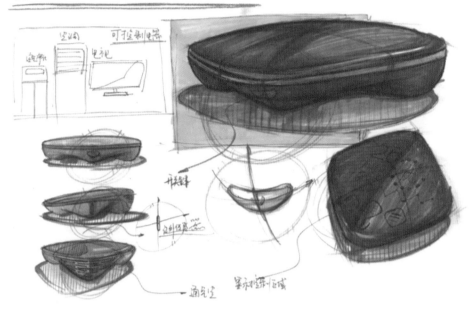

图 5-70 最终确定方案手绘图

图 5-71 方案效果图

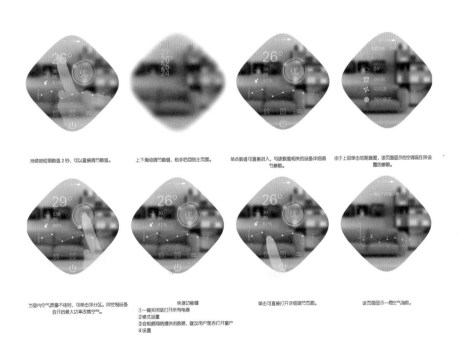

图 5-72 终端设备端的界面设计

单击图标打开应用　　　　输入账号密码进入 App　　　首次登录 App 会进入添加盒　　将扫描框对准盒子二维码,　　添加设备是指添加空调、净
　　　　　　　　　　　　　　　　　　　　　　　　子页面。单击进去下级操作界面　　添加盒子。也可手动输入产品编　　化器和扫地机等设备。
　　　　　　　　　　　　　　　　　　　　　　　　进行添加盒子。可添加多个盒子。　号添加盒子。

本页为主页面,主要显示空气　　单击可扫描室内已添加电器,　　将镜头对准设备会显示该设　　单击左上角设置,进入下一　　设置里主要包含个人中心、
质量指数、室内温度、湿度等指数。　显示现在设置参数。　　　　　备,并且可以手动进行调节。　　设置界面。　　　　　　　　情景模式、消息通知和设备等主
① 调节模式栏,现在显示为　　　要功能。
　　智能模式。
② 单击可扫描室内已添加电器,
　　显示现在设置参数。
③ 根据网络提供户外天气质量指
　　数,建议用户是否需要打开窗
　　户通风。
④ 显示一周室内温度趋势,单击
　　打开可以查看详情并分享。

图 5-73　手机端 App 界面设计

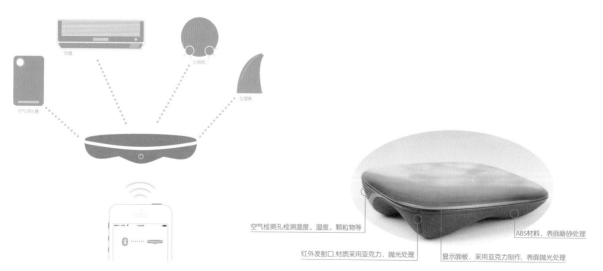

图 5-74　终端连接示意　　　　　　　　　　　　　　图 5-75　产品功能示意图

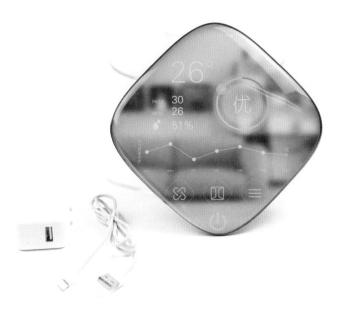

图 5-76　产品整体效果展示

5.4.2　卫生间智能控制终端设计

1. 设计方向确认

从服务系统设计的角度来重构未来智能家居自上而下的设计过程，以用户体验为中心，结合生活模式来构建智能家居的产品系统和界面设计。为用户人群设计一款卫生间智能控制终端，利用智能化的方式使得生活更加舒适。

2. 用户研究与人物角色设定

根据产品设计研究的方向，将受众人群定位在 27～35 岁的新婚夫妇，有一定的经济基础，有自己的生活品位和追求，同时还保留有对新鲜事物的探索精神。购买者需要对智能产品有一定的了解，平时关注科技的发展动态，也会去购买一些最新的科技产品。对自己的生活品质有所要求，对空气质量会有所关注，家里会购买净化器、扫地机等产品，有一定的经济基础（图 5-77）。

卫生间智能控制终端
设计过程展示

课件：案例拓展｜
卫生间智能控制终
端设计过程展示

男主人	女主人
32	29
游戏、健身	音乐
爱干净爱锻炼，不爱麻烦，喜欢一切事物变得简单，希望工作之余在家能够拥有舒适的环境休息。	对家人的身心健康很注重，不喜欢家中凌乱，但由于工作繁忙，没什么时间整理打扫，希望对家人的健康有及时的了解以及家庭空气和环境的舒适。

图 5-77　人物角色设定

129

3. 产品硬件及交互界面实现

根据设定好的人物角色进行需求分析和产品使用流程的设定（图5-78）。

以手绘方式对产品硬件控制终端的造型进行设计，通过多个不同造型方案的讨论，最后确定以圆环形为基本形态的造型设计方案为最终方案（图5-79和图5-80）。

交互界面设计分为两种，一种是终端设备端的界面设计（图5-81），另一种是手机端App界面设计（图5-82）。

睡觉前休息时用手机查看热水量，设定好洗澡模式　　进入卫生间开启待机的L.H.Q，显示洗澡模式　　准备洗澡，感应洗澡过程中的指标变化，自动控制洗澡时的舒适度　　安心睡觉

早晨懒床玩手机，设定洗漱模式　　进入卫生间也可以直接滑动产品界面选择模式　　在如厕时，开启L.H.Q如厕模式　　用完卫生间，自动让卫生间环境清爽，轻松出门

图 5-78　产品使用流程设定

图 5-79　最终确定方案手绘图 　　　　　　　　　图 5-80　方案效果图

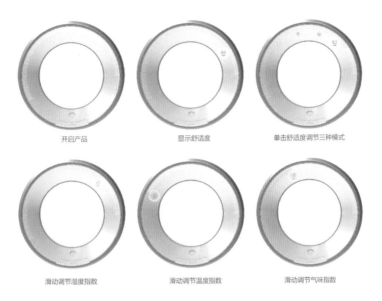

开启产品 显示舒适度 单击舒适度调节三种模式

滑动调节湿度指数 滑动调节温度指数 滑动调节气味指数

图 5-81 终端设备端界面设计

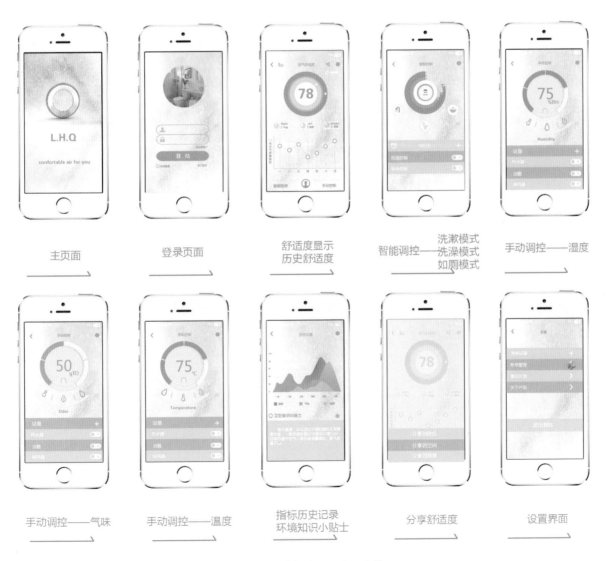

主页面 登录页面 舒适度显示 历史舒适度 智能调控——洗漱模式 洗澡模式 如厕模式 手动调控——湿度

手动调控——气味 手动调控——温度 指标历史记录 环境知识小贴士 分享舒适度 设置界面

图 5-82 手机端 App 界面设计

4．设计作品的呈现与展示

设计说明：该产品为一款卫生间智能控制终端，利用智能化的方式使生活更加舒适。在功能上运用智能控制和手动控制两种控制方式，同时输入在卫生间活动所需要的洗漱、洗澡、如厕三种模式，更简易地适应人们的生活，解决在卫生间活动中所遇到的洗澡时空气闷热、环境不适、有异味等问题。通过终端显示屏实时了解舒适度，随心控制最佳舒适度。同时，接入手机 App 能够随时了解环境情况以及实现远程控制（图 5-83～图 5-85）。

图 5-83　终端连接示意

图 5-84　产品整体效果展示

安装固定在卫生间墙壁上打开L.H.Q，通过红外线发射控制浴霸、热水器、排风扇等电器，同时下载手机 App，可以远程操控

首次激活登陆

L.H.Q显示舒适度，同时可以分享环境的舒适度

单击舒适指数进入模式选择

通过手机 App 可以提前设定模式

通过手机 App 可以提前设定模式

通过滑动圆环调控适宜温度

通过滑动圆环调控适宜气味

通过滑动圆环调控适宜温度

可以在手机 App 中查看指标的历史记录，观察最近的卫生间环境舒适质量，同时更新环境知识小贴士，让您更懂得舒适
通过设置可以更换或退出账号，查看产品信息等

图 5-85　产品功能示意

第 6 章 一个设计师的自我修养

一个设计师的自我　　课件：设计方法论｜一
修养　　　　　　　　　个设计师的自我修养

6.1 吸收知识

产品设计是一个多元综合的学科，产品设计最关键的能力是整合资源、解决问题的能力，这需要设计师时刻更新自己的知识库。作为一名产品设计师，每一件产品的设计需求不可能与上一次完全相同，这就需要设计师时刻吸收新的知识，寻求不同的解决办法。作为产品设计师，要随时关注人们生活形态的变化、消费趋势的转变、科学技术的发展，以及社会热点的进展。例如，手机支付对人们消费方式的转变是历史性的，放到 3 年前，谁都不会想到不用带钱包，而是带上手机就可以出门了（图 6-1）；再比如人口老龄化和二胎政策的落地，对于老年人产品和母婴产品（图 6-2）发展有很大影响。只有在生活中多关注、多思考，才能够跟得上这个迅速发展变化的时代，设计出适合当代人使用的产品。

图 6-1　支付宝支付

图 6-2　兜宝儿童趣味手工皂

6.2 拓展技能

随着科技的发展，各类辅助设计手段也不断更新，设计师从最初的在纸张上徒手手绘设计方案到采用计算机外接手绘板或者数位屏进行产品设计，直至目前直接采用移动终端设备手绘（图6-3）。模型制作也逐渐从手工制作产品原型到CNC加工制作产品设计手板，再到目前三维打印快速成型（图6-4）。产品设计中的计算机辅助设计软件也在不断更新，3年前主流的设计软件和现在的以及未来3年后的，都会有所不同。总的来说，辅助设计手段的不断更新帮助设计师提高了工作效率，分解部分复杂烦琐的工作。但这也要求设计师能够跟上时代发展，具备开放性的精神和学习能力，逐步掌握更高效的设计工具，这是一个以创新为核心竞争力的职业需要具有的素质。

图6-3　Surface Studio 一体机

图6-4　三维打印机

6.3 更新方法

产品设计作为一个独立的学科，只有不到100年的历史，与产品设计相关的理论、思维、方法伴随的时代、科技、设计对象的改变也在不断发生变化。10年前还在倡导的绿色设计、人性化设计、非物质化设计已经逐渐被服务设计、体验设计和设计思维所取代（图6-5）。其实，产品设计的内涵并没有太大变化，仍然是研究人与物之间的关系，通过设计的手段创造性地解决人们生活中的问题，只是由于时代的发展，设计的外延不断发生改变。作为一名产品设计师，要能够跟上产品设计行业发展的步伐，不断学习新的设计理念、新的设计工具和设计方法，更新自己的设计方法论。

图6-5　哈佛商业评论：设计思维
演进（2015年9月刊）

6.4　将设计作为终身职业

　　从选择设计作为职业开始，设计就成为设计师生活的全部。可以说，设计并非一个职业，而是一种思维方式。工作中与客户交流需要设计，为客户找到一个解决产品问题的方法是设计，拟订一份项目计划书是设计。而在生活中，选择上班路线、安排年假的出游计划、做一顿丰盛的晚餐、布置客厅的家具布局同样也是设计。设计就是一种计划、安排和解决问题的方法。

　　人的一生中绝大部分的时间都在工作，实际上人们对工作的态度决定了其生活的质量。如果仅仅把设计作为谋生的手段，那可能设计是世界上最辛苦的职业之一。但如果热爱设计，把设计当作自己的生活，让设计成为伴随你一生的职业，设计就可能成为你快乐的源泉，并使你成为这个世界上最幸福的人。

参考文献

[1] 黄伟. 工业设计师完全手册 [M]. 广州: 岭南美术出版社, 2002.

[2] 刘松, 王蕾. 我是设计师 [M]. 北京: 人民邮电出版社, 2012.

[3] 韩然, 吕晓萌. 说物: 产品设计之前 [M]. 合肥: 安徽美术出版社, 2010.

[4] 杨向东. 工业设计程序与方法 [M]. 北京: 高等教育出版社, 2008.

[5] 李亦文. 产品设计原理 [M]. 2版. 北京: 化学工业出版社, 2011.

[6] 程能林. 工业设计手册 [M]. 北京: 化学工业出版社, 2008.

[7] 陈华. 不止情感设计 [M]. 北京: 电子工业出版社, 2015.

[8] 廖树林, 朱钟炎. 产品设计的消费者分析 [M]. 北京: 机械工业出版社, 2010.

[9] 蒋晓. 产品交互设计基础 [M]. 2版. 北京: 清华大学出版社, 2016.

[10] 戴力农. 设计调研 [M]. 北京: 电子工业出版社, 2016.

[11] 柴春雷, 邱懿武, 俞立颖. 商业创新设计 [M]. 武汉: 华中科技大学出版社, 2014.

[12] 艾萍, 韩军. Rhino & VRay 产品设计创意表达 [M]. 2版. 北京: 人民邮电出版社, 2011.

[13] 冯崇裕, 卢蔡月娥, [印] 玛玛塔·拉奥. 创意工具 [M]. 上海: 上海人民出版社, 2010.

[14] [美] 威廉·立德威尔, [美] 克里蒂娜·霍顿, 吉尔·巴特勒. 通用设计法则 [M]. 朱占星, 薛江, 译. 北京: 中央编译出版社, 2013.

[15] [美] 贝拉·马丁, [美] 布鲁斯·汉宁顿. 通用设计方法 [M]. 初晓华, 译. 北京: 中央编译出版社, 2013.

[16] [荷] 代尔夫特理工大学工业设计工程学院. 设计方法与策略: 代尔夫特设计指南 [M]. 倪裕伟, 译. 武汉: 华中科技大学出版社, 2014.

[17] [美] Alan Cooper, Robert Reimann, David Cronin. About Face 3 交互设计精髓 [M]. 刘松涛, 译. 北京: 电子工业出版社, 2012.

[18] 李程, 廖水德. 工业设计专业校企合作手板模型课程的改革与实践 [J]. 装饰, 2013 (06).

[19] 李程. 校企联合培养手板模型人才的实践研究 [J]. 设计, 2012 (10).

[20] 李程, 李汾娟. 产品设计问卷调查的常见问题与对策 [J]. 艺术与设计 (理论), 2012 (05).

[21] 李程. 苏州旅游纪念品设计用户研究实践 [J]. 设计, 2018 (02): 106-107.

[22] 李程. "互联网+"背景下艺术设计类教材建设与同步更新实践研究——以《产品设计方法与案例解析》为例 [J]. 中国艺术, 2020 (02): 100-105.